LA MIA CASA

INTELLIGENTE

Vantaggi e benefici

della creazione di una

Smart Home

di

Francesco Pinna

Copyright © 2021 Francesco Pinna

Tutti i diritti riservati.

Sommario

LA MIA CASA 1

INTELLIGENTE 1

INTRODUZIONE... 7

CAPITOLO 1 14

    Cosa si intende per casa intelligente......... 14

    -La domotica: perché studiare delle soluzioni che cambino il nostro modo di vivere?-..... 17

    -Quando nasce l'idea di casa intelligente-. 27

CAPITOLO 2 31

    Come nascono le Smart Home e da cosa sono caratterizzate: l'internet delle cose e alcune considerazioni sul futuro 31

    -Dalle industrie alle case-.......................... 33

    -L'internet delle cose- 35

    -Caratteristiche di uno Smart Object-........ 40

    -L'Internet of Things integrato con la domotica per vivere meglio: la creazione di un ecosistema-.. 43

    -Gli ecosistemi domestici nel mondo-........ 45

CAPITOLO 3 49

I benefici di una Smart Home e gli oggetti che li favoriscono 49

-Sistemi smart per il controllo dei consumi-50

-Sistemi per la produzione di energia- 54

-Sistemi di intrattenimento- 55

-Sistemi di illuminazione e prese intelligenti-
.... 57

-Sistemi di sicurezza intelligenti- 59

-Elettrodomestici a risparmio energetico, utili per le faccende di casa e per il tempo libero-
.... 62

-Anche il giardino di casa diventa Smart- .. 67

-Le app per la Smart Home- 68

-Smart Home per persone disabili, malate e con mobilità ridotta- 69

CAPITOLO 4 78

Costi di una Smart Home: progetto, acquisto, manutenzione e consumi 78

-Come rendere una casa tradizionale "intelligente" senza spendere una fortuna e chiamare un professionista?- 79

-Il preventivo per una Smart Home basilare-
.... 82

-L'emozione di possedere una casa unica e

custom: la domotica integrata- 86

-Una casa Smart è un investimento per il futuro- 89

CAPITOLO 5 93

Le Smart Home in contesti civili: dove è più facile trovarle 93

-Smart Home in Smart Cities- 95

-Sogno o son desto?- 98

-A che punto siamo con la crescita delle Smart Cities nel mondo?- 103

CAPITOLO 6 108

Il mercato in Italia e all'estero: investimenti e mondo del lavoro nella domotica 108

-Smart Home e Smart Buildings: a volte, nella raccolta dei dati, ci si confonde- 110

-Crescita del mercato- 112

-Il rapporto degli italiani con le Smart Home- 113

-Investimenti futuri- 119

-La gara all'innovazione: i grandi nomi vs le startup- 121

CAPITOLO 7 123

VIII.Il rapporto tra Stati e Smart Home:

incentivi, leggi e regolamentazione 123

-Il ruolo delle assicurazioni nella tutela della Smart Home- 128

-I governi e l'aumento della produzione e del consumo di impianti di domotica- 133

CAPITOLO 8 139

A che punto siamo nello studio della domotica? Cosa ci dovremmo aspettare dal futuro? 139

-Previsioni sul futuro degli oggetti e delle case Smart- 141

-I colossi uniti per una casa più connessa- 147

-Aumento della connessione in casa, perché è qui che trascorreremo molto più tempo- 149

CAPITOLO 9 153

Benefici, pregiudizi e Controversie 153

-Risolvere le problematiche legate alle vulnerabilità degli Smart Objects: cosa raccomandano gli esperti- 157

-La tecnologia si fa sempre più spazio e invade la nostra casa: è un processo positivo?- 162

CONCLUSIONE 168

Abbiamo davvero bisogno di vivere in modo più smart?... 168

Bibliografia e Sitografia............................... 175

INTRODUZIONE

Nel 1958 uscì nelle sale cinematografiche il film "**Mon Oncle**", diretto dall'attore *Jaques Tati*. Il messaggio del film è molto semplice da intuire: l'attenzione è concentrata sulla famiglia Arpel, il cui padre è un ricco imprenditore e la madre la classica casalinga tutta amiche e pulizie degli anni '60, due genitori che non riescono a dare le giuste attenzioni al figlio piccolo perché troppo occupati nelle loro faccende. La vicenda gira intorno a questa famiglia, alla loro casa e al bizzarro zio Hulot che esplora questo ambiente così moderno e fuori dagli schemi.

Questo personaggio, infatti, vive in una comunissima casa di periferia, con dei servizi minimi: vista da fuori, è deformata, piena di scale, corridoi, i muri sporchi e le finestre tutte diverse. La vita di zio Hulot è rilassata, ma anche senza fronzoli o elettrodomestici che gli facilitino le giornate. Tanto che, quando si reca ad accompagnare il nipotino a casa dei genitori dopo scuola, rimane impressionato dal luogo in cui vivono la sorella e il cognato. Si spaventa, addirittura, davanti a tanta tecnologia: le fontane con i sensori in giardino, che si attivano solo in determinati momenti della giornata, il cancello automatico, lo stendibiancheria elettrico, gli accessori di plastica difficilmente infrangibili, le sedie dal design ricercato. Il risultato è un film che osserva il **rapporto tra un essere umano in era pre tecnologica e i nuovi elettrodomestici** che, oggi, definiremmo smart. L'intento di Jaques Tati era quello di creare scene esilaranti e mostrare come la tecnologia possa distrarre le persone da ciò che conta davvero.

Oggi le cose sono molto cambiate: nessuno più pensa che un elettrodomestico possa avere delle conseguenze negative sulla nostra vita, anzi, sono proprio questi oggetti a **favorire la creazione di tempo libero da dedicare a chi o ciò che amiamo.** È anche per questo che il mercato delle Smart Home sta crescendo a dismisura negli ultimi anni: le persone non si accontentano più di elettrodomestici da impostare e lasciare lavorare, ma di macchine che supportino la quotidianità, che siano intelligenti e autonome, oppure controllabili anche a distanza. Per Smart Home si intende una casa "connessa", ovvero contenente dei dispositivi, apparecchi e sensori collegati a un software di supervisione da cui gestire tutte le funzioni dell'abitazione. Quando non si è all'interno dello spazio abitativo, quegli stessi apparecchi possono essere gestiti da un dispositivo mobile come un tablet, uno Smartphone o anche un PC. Si può dire che in questo modo, pur trovandoci lontani da casa, sappiamo sempre che cosa accade nel luogo dove viviamo.

Jaques Tati aveva previsto un crescente ingresso della tecnologia nelle nostre case, ma forse non avrebbe mai immaginato un giorno di poter gestire alcune funzioni anche a chilometri di distanza attraverso una app. Con la crescita delle nostre città e, di conseguenza, anche della società, è sempre più richiesta la domanda di **dispositivi di sicurezza**, come telecamere e allarmi. Tutto gestito dal proprio smartphone anche quando ci troviamo al lavoro. Ci basta aprire un'applicazione per guardare cosa sta accadendo nelle stanze di casa nostra, se il cane è tranquillo o è tutto a postnell'appartamento. Si può svolgere questa attività anche mentre si è lontani in vacanza, così da trascorrere le giornate in serenità sapendo che a casa va tutto bene.

Non solo sicurezza, anche **comfort**: la Smart Home è in grado di attivare il climatizzatore a orari prestabiliti e far trovare la casa alla giusta temperatura al rientro del proprietario. Le luci possono essere accese, spente o regolate a distanza. Si può controllare il volume del nostro stereo senza muovere un dito, con l'ausilio della voce.

Le case intelligenti, inoltre, sono un'ottima soluzione per affiancare le **persone disabili** nella loro vita quotidiana. Un'abitazione automatizzata semplifica enormemente le attività di una persona che fatica a muoversi, non vede o non sente: pensa a una cucina che ti porga gli strumenti per preparare da mangiare se sei in sedia a rotelle o un armadio che ti consegna i vestiti tra le mani. Tutto questo sembra il futuro, ma esiste già. Gli altoparlanti, poi, aiutano i non vedenti a svolgere tutte le attività senza dover premere pulsanti, scrivere o leggere. Basterà un comando vocale per accendere gli elettrodomestici, cambiare canzone sullo stereo o sapere che tempo farà il giorno dopo.

La Smart Home facilità in mille modi diversi la vita dell'essere umano, lo fa sentire a proprio agio, rilassato e pieno di tempo libero. In questo saggio **vorrei portarti nel mondo delle case intelligenti** per fartene scoprire le potenzialità e come stiano cambiando le nostre vite per il meglio. Comincerò raccontandoti cosa sia una Smart Home, quando e in che modo sia nata l'idea. Illustrerò quali siano gli apparecchi più comuni da connettere in casa per personalizzarla al massimo e renderla più confortevole possibile. Soprattutto, affronterò il discorso dell'utilità della Smart Home per una persona disabile. Ti parlerò dei vantaggi e gli svantaggi di tutta una serie di oggetti e macchine, in confronto a soluzioni analogiche e più "a misura di uomo". Parleremo anche di costi, perché è un punto fondamentale nell'avvicinamento a una casa Smart e nella scelta di quali strumenti inserirvi. Ti mostrerò che alcune soluzioni possono avere un ottimo impatto sull'ambiente: infatti, le case Smart nascono anche dal desiderio di rendere un'abitazione sostenibile ed eco friendly. Esistono poi delle case adatte solo a determinati contesti civili: ciò significa che in alcune zone del pianeta non sono ancora approdate. È dunque lecito che io ti indichi i luoghi dove queste sono più diffuse. Analizzerò il mercato attuale delle Smart Home e come esso sia sempre più in espansione. Ti mostrerò come in vari paesi del mondo siano stati studiati incentivi per vendere dispositivi smart che favoriscano non solo il comfort abitativo nelle case intelligenti, ma anche esercitare un forte risparmio energetico e anche una significativa diminuzione di emissioni dannose per l'ambiente. Concluderò raccontandoti a che punto siamo in Italia con queste Smart Home e lasciandoti qualche consiglio per approfondire l'argomento.

CAPITOLO 1

Cosa si intende per casa intelligente

Una casa intelligente, o **Smart Home**, è un'abitazione connessa. A cosa? Al proprietario.

Infatti, chiunque viva in una casa intelligente può **comandare a distanza le funzionalità** della sua dimora, come il riscaldamento, gli impianti di sicurezza e persino l'acqua da dare alle piante. Un tempo le funzionalità di un'abitazione dipendevano tutte da cablaggi, mentre oggi la maggior parte, se non tutte, delle azioni richieste alla propria casa avvengono tramite **domotica wireless**.

- È stupefacente quante siano le attività che si possono gestire semplicemente attraverso un'applicazione. Alcune non te le immagini neanche. Per questo, ho scritto questa breve guida.

La casa diventa in questo modo non solo un luogo accogliente e confortevole, ma anche un **alleato della quotidianità di chi la abita**. Il climatizzatore, regolabile da app, permette di trovare un ambiente caldo d'inverno e fresco d'estate quando si rientra dopo il lavoro; la lavatrice, precedentemente caricata, può accendersi a un orario preciso grazie a un timer o a un pulsante sullo Smartphone; l'illuminazione intelligente si accende e si spegne rilevando i movimenti o la mancanza di luce naturale; l'impianto di videosorveglianza è gestibile a distanza guardando cosa accade in casa propria da Smart TV, Smartphone, Tablet o PC.

Quando poi il proprietario si trova in casa, può gestire tutti questi apparecchi senza alzarsi dal divano: può chiedere al robot aspirapolvere di attivarsi con un'applicazione o a uno Smart Speaker di alzare o abbassare il volume della musica.

Come già detto, questi sono gli esempi più comuni di funzionalità di una Smart Home. Oggi queste abitazioni non sono ancora molto diffuse, soprattutto in Italia, ma potrebbero rispecchiare **il futuro della nostra vivibilità**. Le aziende di design di interni e produttrici di elettrodomestici stanno investendo molto nella progettazione di impianti di domotica all'avanguardia che siano in grado di fare quasi tutto al posto dell'uomo.

-La domotica: perché studiare delle soluzioni che cambino il nostro modo di vivere?-

Forse è la prima volta che leggi la parola domotica, quindi è giusto dare qualche spiegazione. La **domotica** è quella scienza che studia idee per il miglioramento della qualità di vita all'interno di un'abitazione.

Facciamo una piccola, doverosa, **premessa**: spesso si utilizza il termine latino come sinonimo di Smart Home, ma non si tratta esattamente della stessa cosa. Infatti, mentre la domotica rispecchia un concetto quasi superato di comfort e azioni intelligenti da parte della casa, le cui funzionalità degli strumenti sono integrate e cablate nell'impianto elettrico tradizionale, la Smart Home indica un insieme di oggetti e impianti per l'abitazione dotati di connessione Internet in modo da registrare i dati su consumi e attività, memorizzarli e rendere la living experience più digitale. Di questi oggetti wireless all'avanguardia parleremo più avanti. Comunque, nonostante le differenze, gli obiettivi e gli ambiti di studio di domotica e Smart Home sono gli stessi e la seconda non è altro che l'evoluzione della prima.

Passiamo ora ad analizzare i **motivi** per cui, a un certo punto della storia, gli esseri umani si sono resi conto di desiderare delle case più intelligenti. La diffusione degli studi di domotica sono stati favoriti da questi eventi: intanto, dalla **terza rivoluzione industriale**, quella che riguarda l'uso massivo delle tecnologie per svolgere quasi tutte le attività. Il digitale ci permette di essere più efficienti, fare le cose in fretta e risparmiando anche soldi. Ci sono delle operazioni che non siamo più in grado di fare senza l'ausilio di Internet, come prenotare una vacanza, acquistare un oggetto e farselo arrivare con corriere, inviare messaggi, dati e documenti. Pensa poi se riusciamo a vivere senza Netflix, WiFi, servizi di streaming musicali e applicazioni simili.

No, non saremmo più in grado per una questione di abitudine. Ormai preferiamo impiegare poco tempo, portare a termine una transazione in un click, comunicare in diretta. Ecco perché abbiamo bisogno di case intelligenti, smart, che portino a termine le faccende al posto nostro, come fanno i corrieri che ci consegnano i pacchi o i tour operator online quando generano i biglietti aerei al posto nostro. Le tecnologie ci danno l'illusione di farci guadagnare tempo: operazioni più veloci vuol dire anche meno fatica e meno ore. Pensa a quanto ci metteresti a passare l'aspirapolvere in un appartamento di 100 metri quadri. Probabilmente un quarto d'ora. Poi ti devi alzare dalla scrivania e lasciare il tuo lavoro al PC a metà, andare a prendere l'aspirapolvere, attaccarlo alla corrente se ha il filo, attendere che si carichi se è scarico, montare i pezzi se lo smonti prima di riporlo nello sgabuzzino.

Insomma, fatica e tempo sono due elementi che bisogna impiegare per pulire casa. Parliamo poi dell'efficacia delle pulizie: potresti essere svogliato e farle con poca energia, distratto da una telefonata o magari passare l'aspirapolvere non è neanche la tua attività preferita. Il risultato è accettabile, ma la polvere sarà sempre lì. Un robot che pulisce al posto di un essere umano è più intelligente: è in grado di rilevare la sporcizia, misurare gli spazi, attivarsi nel momento desiderato e fare tutte le faccende nello stesso tempo ma con più efficacia. Alcuni puliscono anche le superfici rispettando quelle più delicate come il parquet. Per riassumere, la terza rivoluzione industriale **ha inserito le tecnologie nella nostra vita quotidiana, cambiando la società, il mondo del lavoro e le abitudini**. Cerchiamo semplicità e immediatezza ovunque, anche in casa nostra. Ci piace che una macchina faccia fatica al posto nostro e, spesso, i risultati sono anche più soddisfacenti di quelli provenienti dalle mani umane; i **cambiamenti climatici** hanno spinto gli ingegneri a ragionare su nuovi modi per risparmiare energia, ma anche soldi. Dal 2019 si è cominciato a parlare di una vera e propria emergenza climatica che potrebbe portare alla distruzione di tutte le risorsi presenti sul nostro pianeta entro il 2050. Questo fatto ha reso le persone più timorose, ma volenterose di un cambiamento. L'Unione Europea ha persino firmato un documento in cui si impegna a diminuire le emissioni entro il 2030. Ciò richiede un grosso sforzo da parte di tutti, dalle industrie ai singoli. Molte persone hanno optato per una mobilità alternativa, altri per il riciclo dei materiali. Per questo, qualcuno ha anche scelto di vivere in una casa intelligente, incentivato anche dai bonus statali sull'acquisto di elettrodomestici riqualificati e strumenti per la domotica, detraibili fino al 65%. Una Smart Home farebbe comodo per la limitazione degli sprechi di acqua, energetici e delle emissioni date dai riscaldamenti.

In che modo la casa intelligente aiuta a limitare gli sprechi energetici e a contribuire alla trasformazione del nostro pianeta in un ambiente più vivibile? Ad esempio, e più avanti ne parlerò meglio, attraverso la scelta dell'attivazione degli elettrodomestici nella fascia oraria più economica, con l'impianto di pannelli fotovoltaici sul tetto o sistemi di dinamo che generano elettricità grazie al vento o all'acqua. A questo proposito, la casa intelligente contribuisce anche a risparmiare molti soldi, rispondendo al **bisogno di trattenere i propri guadagni**, utilissimo soprattutto in quest'ultimo periodo di crisi economica; **la richiesta sempre più crescente di sicurezza** ha spinto designer e ingegneri a studiare soluzioni per far sentire a proprio agio il proprietario di una casa. Purtroppo, nonostante la società evolva e ci siano sempre nuovi modi per guadagnare soldi, l'allarmante fenomeno dei furti nelle abitazioni non cala.

Anzi, nell'ultimo decennio l'ONSCI (Osservatorio Nazionale della Sicurezza dei Cittadini) ha registrato un aumento del 170% dei furti. Il motivo di questa crescente criminalità non è ben noto, ma sicuramente le crisi economiche e il divario che si è creato nella società a seguito di queste non ha giovato.

Le case intelligenti prevedono tutta una serie di apparecchi elettronici in grado di tenere sotto controllo ogni stanza della casa e permettere al proprietario di dormire sogni tranquilli. Si stima che il 35% degli investimenti in Smart Home provenga proprio da un **desiderio di maggiore sicurezza** in casa propria. Gli strumenti variano dalle telecamere perimetrali e interne, rilevatori di movimenti esterni, segnalatori di pericolo con password direttamente

collegati a una centrale di polizia. Ciò significa che se qualcuno fa irruzione in casa, la polizia si collegherà con l'interno e se non riceve una password identificativa, nota solo al proprietario, interverrà sul posto. I sensori di questo tipo possono essere collegati a porte e finestre o rilevare anche movimenti interni alle varie stanze. Tutto ciò, può essere controllato a distanza, semplicemente tramite lo Smartphone.

Quando poi citiamo la sicurezza, parliamo anche di reti ed eventi come incendi, calamità naturali e danni agli impianti di gas e fumi. Partiamo col dire che una casa connessa è anche una casa esposta ad attacchi hacker. I dispositivi elettronici potrebbero sembrare vulnerabili, ma i primi interventi degli ingegneri sono avvenuti per rendere le reti della casa protette e inattaccabili. Per quanto riguarda il secondo argomento, una Smart Home è in grado di rilevare dei danni potenzialmente pericolosi al suo interno e avvisare il proprietario, affinché chiami degli esperti che li risolvano; un ultimo bisogno che negli ultimi anni l'essere umano ha acquisito è avere sempre le informazioni a portata di mano. Quante volte sarà successo anche a te di parlare con un conoscente, non ricordare un particolare dell'argomento che state trattando e volerlo cercare in tempo reale su Google. In questo senso, gli uomini sono diventati più "educati" grazie alla tecnologia: trovare le informazioni che ci servono è diventata un'abitudine a cui non possiamo più fare a meno. Alcuni dispositivi delle Smart Home sono stati creati proprio per **rispondere alle domande degli inquilini** senza prendere in mano lo Smartphone. Con poche parole, un altoparlante può fornire informazioni sul meteo, sulle canzoni, su date e tanto altro. La funzione della Smart Home è dunque educativa, in questo senso. Lo è anche sotto l'aspetto delle abitudini di consumo: se il proprietario tende a sprecare acqua, alzare i riscaldamenti a dismisura o usare parecchia corrente, i sensori della casa intelligente registrano gli errori e inviano messaggi al dispositivo di controllo, in modo che il proprietario venga stimolato a cambiare le sue abitudini in modo responsabile.

Insomma, il vecchio concetto di casa statica e finalizzata alla semplice abitazione è quasi superato. Quasi, perché non tutti hanno ancora ben compreso le opportunità dell'automazione della propria dimora. Infatti, soprattutto in Italia, sono più che altro diffusi gli altoparlanti e i sistemi di sicurezza più innovativi, ma non tanti altri oggetti utili e che garantiscono una comunicazione continua tra abitazione e proprietario. Di questo, però, parlerò più avanti.

-Quando nasce l'idea di casa intelligente-

Abbiamo parlato degli eventi che hanno richiesto l'invenzione di sistemi Smart per controllare le attività che avvengono in casa, ovvero il bisogno di più tecnologie efficienti che ci facciano risparmiare tempo, segnalino quando siamo in pericolo e non sprechino le preziose risorse del nostro pianeta. Questo è il *perché* è nata l'idea di Smart Home, ma **quando è avvenuto il cambiamento**?

Cominciamo col dire che il concetto di casa Smart che faccia le cose al posto nostro c'è già dal periodo Ante Cristo. Pensa solo ai Romani e alla loro geniale idea di creare degli spazi termali dedicati al benessere in casa propria, ai loro sistemi di illuminazione naturale e per riscaldare le stanze attraverso bracieri. Certo, è un'idea un po' primitiva di Smart Home e potrei elencare anche molti altri tentativi di rendere la casa intelligente anche in periodi successivi, come dopo la scoperta del vapore, dell'elettricità ecc. ma in questa sede è doveroso fare un salto dai Romani fino al '900.

Il primo esempio di Smart Home della storia ,seppur molto simile a come la intendiamo noi oggi, non risale al nostro millennio, ma a quello precedente, prima dell'avvento del digitale. Un ingegnere americano, Jim Sutherland, installò un calcolatore nella sua abitazione che programmava l'accensione e lo spegnimento di alcuni apparecchi come luci, sveglie e il televisore. Indovina come si chiamava questo prototipo di centralina di una Smart Home? Echo. Come il controller di Amazon.

Jim Sutherland, poi, ha un po' esagerato: ha fatto di tutto per trasformare il suo assistente intelligente in una domestica, volendo che si occupasse di creare una lista della spesa, che comunicasse con la moglie e i figli per aiutarli a studiare e regolasse la temperatura di casa. All'epoca era una richiesta quasi impossibile per un apparecchio elettronico, ma non è forse vero che oggi tutte queste azioni sono possibili? L'ingegnere americano ci aveva visto molto lungo: è riuscito a immaginare una casa dotata di intelligenza artificiale e a misura di uomo. Infatti, nonostante la Smart Home sia, nell'essenza, una macchina, **sa essere più umana di quanto immaginiamo**: uno speaker come Echo o Alexa di Amazon è in grado di ascoltare e interpretare la nostra voce, risponderci e fare tutto ciò che chiediamo. Se non è interazione questa! Pensa a quanti video divertenti si trovano online su persone che intrattengono un discorso, più o meno sensato, con uno di questi dispositivi.

La Smart Home è una concezione di casa studiata dall'uomo per l'uomo. Non è valida la previsione tutta cinematografica che queste strutture prenderanno il sopravvento o ci renderanno incapaci di fare qualsiasi cosa. L'abitazione, in questo senso, diventa un valido alleato dell'essere umano per permettergli di trascorrere il suo tempo libero anche all'aperto: se gli elettrodomestici svolgono le faccende di casa al posto nostro, si occupano di depurare l'aria, risparmiare i nostri soldi, proteggerci e compensare le nostre dimenticanze, come spegnere un dispositivo o le luci, non è forse vero che ci sentiamo meglio? Possiamo rilassarci e godere il tempo come più ci piace. Questo è un esempio di tecnologia che non tiene incollato l'utente a sé privandolo di svolgere altre attività. Il fatto di essere sempre connessi non implica maggiore esposizione dei propri dati sensibili all'attacco di minacce informatiche o malintenzionati: le Smart Home continueranno a evolversi per essere più sicure e proteggere il proprietario.

La Smart Home, in sostanza, non è solo l'involucro che contiene l'uomo per la maggior parte della giornata, ma è un vero e proprio maggiordomo invisibile il cui **unico obiettivo è il benessere di chi ci vive**.

CAPITOLO 2

Come nascono le Smart Home e da cosa sono caratterizzate: l'internet delle cose e alcune considerazioni sul futuro

Dopo Jim Sutherland, si sono susseguite molte **manifestazioni della crescita del concetto di Smart Home**. Pensa solo all'invenzione dei telecomandi per la tv: quando questo apparecchio è stato distribuito al pubblico, non prevedeva un controllo da remoto e un telespettatore doveva sempre alzarsi e schiacciare un pulsante per cambiare canale. Oggi, le tv ultra sottili non hanno neanche più dei bottoni: si fa tutto a distanza, senza muoversi dal divano. Comoda la domotica, vero?

Questo è un esempio semplice e immediato, ma possiamo parlare anche dei primi termostati automatizzati degli anni '60 che si accendevano automaticamente all'inizio dell'inverno e si spegnevano con l'arrivo della primavera.

Sono arrivate poi le tapparelle automatiche che si attivavano grazie a un pulsante, senza faticare tirando una stringa di tessuto come nel metodo tradizionale. Potrei elencarti altri numerosi esempi di manifestazioni dell'evoluzione della domotica. Si trovano tutti intorno a te, usi questi oggetti tutti i giorni, ma sono talmente integrati nella tua quotidianità che non te ne accorgi. La domotica non risiede solo nelle tecnologie più innovative, ma anche in **piccole invenzioni** che ci accompagnano da anni, facilitano la nostra vita senza che noi ce ne rendiamo conto.

-Dalle industrie alle case-

L'idea di **sostituire alcune attività umane con l'uso delle macchine** proviene dall'industria, ovvero il primo luogo in cui i lavoratori sono stati rimpiazzati da robot. La produzione di merci è così cresciuta a dismisura: le macchine non vanno in ferie, non si ammalano, riescono ad avvitare più bulloni contemporaneamente e senza pause.

L'evoluzione tra le automazioni nelle fabbriche e la casa che sa quando sollevare gli oscuranti sulle finestre è avvenuta grazie a lunghi **anni di studio sulla potenza e le dimensioni dei dispositivi di domotica.**Un'abitazione non è tanto grande da poter ospitare grandi hardware con cavi lunghissimi e che richiedono un utilizzo di energia imponente. Inoltre, degli strumenti tecnologici così avanzati e complessi non solo sono difficili da usare per qualsiasi persona comune, ma costano anche troppo. Oggi, le

case intelligenti sono dotate di PLC, ovvero **controllori logici programmabili**, che si occupano dei processi di automazione. Questi computer sono collegati ai sensori e fusibili disposti in tutta la casa, indipendentemente dalla loro funzione, ne elabora i segnali fornendo risposte. Si tratta di dispositivi meno complessi di quelli industriali, più economici, che richiedono pochissima manutenzione e semplici da programmare. Senza di essi, probabilmente, oggi non potremmo neanche regolare la temperatura di casa.

Bill Gates, già nel 1977, aveva pronunciato la frase: "***Un computer su ogni scrivania e ogni casa***", preannunciando, di fatto, la diffusione delle Smart Home, ma non solo, anche di Smart Object. Di cosa si tratta? Ne parlerò nel prossimo paragrafo.

-L'internet delle cose-

Hai mai sentito parlare di **Internet of Things**? Si tratta di una corrente di pensiero, poi messa in pratica, secondo cui la connessione Internet può essere applicata a ogni oggetto per renderlo più facile da usare, efficiente e digitale.
"Ogni tecnologia sufficientemente avanzata diventa indistinguibile dalla magia", disse Arthur C.
Clarke, autore del romanzo 2001: Odissea nello Spazio. Tutti, quando ci troviamo di fronte al progresso della scienza rimaniamo basiti, come a chiederci se stiamo assistendo a un trucco di magia. Quando si parla di **Smart Object**, "le cose integrate con Internet", non c'è nessun miracolo dietro, ma solo anni di studi per esaudire bisogni e desideri degli uomini. Si tratta di invenzioni in grado di proteggerci, guidarci, curarci, darci tutte le risposte che cerchiamo, comunicare con noi pur non

possedendo una mente organica. Gli Smart Objects più venduti sono ad oggi quelli legati al living, quindi alle case intelligenti. **Il concetto di Smart Home si basa proprio sull'idea che ogni oggetto possa essere integrato con la connessione Internet.** Le case di oggi ospitano una media di sette dispositivi informatici connessi tra loro, attraverso i quali non si comunica con il mondo esterno e con la casa stessa.

Il primo **esempio** che mi viene in mente è il navigatore satellitare, un dispositivo di cui noi non possiamo fare più a meno. Una volta si usavano le mappe cartacee e poi si chiedevano le indicazioni agli abitanti delle zone dove ci recavamo. Questo avveniva quando regnava l'analogico. Si è passati poi a una forma più complessa di navigatore satellitare negli anni '80 che permetteva all'autista di seguire una mappa cartacea, non interattiva, che scorreva su dei rulli quando il dispositivo percepiva il movimento dell'auto. Si è passati poi a una versione digitale negli anni '90, fino ai moderni device con localizzatori GPS e mappe interattive. Oggi, quando vogliamo studiare il percorso da casa a un indirizzo, cercare se in zona ci sono ristoranti, benzinai o anche leggere recensioni sui luoghi, ci basta aprire la cartina del nostro navigatore satellitare e fare una ricerca intelligente. Sai perché funziona? Grazie alla rete che si è insediata in un oggetto semplice come una mappa.

Internet si è insidiato in molti oggetti della nostra quotidianità e li ha resi intelligenti: ha fatto sì che potessero trasmettere dati e rispondere ai bisogni degli esseri umani, divenendo dei supporti che vanno oltre ai tradizionali ruoli delle macchine. L'ho già accennato in precedenza: gli **Smart Objects sono oggetti più umani di quanto possiamo pensare**. Non si tratta solo di macchinari completamente differenti e distaccati dal cervello umano, ma dispositivi studiati per aiutarci.

Pensa a una sveglia intelligente: è stata programmata per esaminare il traffico, il ritardo dei treni e svegliarti prima per non farti fare tardi al lavoro. Non è incredibilmente umana quest'azione? Potrebbe fare lo stesso un computer o il tuo Smartphone, ma non è l' **obiettivo dell'IoT:** a questi ingegneri, non interessa che tu viva 24h al giorno con il PC in mano e che questo compia delle azioni intelligenti al posto tuo, ma vuole integrare Internet in oggetti comuni e rendere quelli che già possiedi in grado di comunicare e scambiare dati. Potrebbe sembrare un'affermazione fin troppo romantica, ma grazie a Internet le cose possono prendere vita, diventare più umane. Pensa solo al fatto che ogni oggetto abbia un nome proprio. *"Ehi Alexa, accendi le luci"*.

In sé, poi, l'integrazione di Internet negli oggetti **non ne muta la funzione principale o le forme che li rendono riconoscibili**: uno Smartwatch è in tutto e per tutto un orologio, ma intelligente. Il proprietario lo indossa per andare a correre e registrare il proprio allenamento, risponde alle chiamate, legge le e-mail, guarda l'ora. Un obiettivo, quindi, dell'Internet delle cose è non mutare la natura degli oggetti tradizionali, ma aumentarne le funzionalità.

-Caratteristiche di uno Smart Object-

Tutti gli oggetti che popolano una Smart Home hanno delle caratteristiche precise che li rendono belli da vedere ed efficienti. Gli ingegneri e i designer trascorrono ore a studiare nei minimi dettagli gli Smart Object, in modo che mantengano la loro funzionalità di base, integrata con tecnologie intelligenti, che siano pratici, maneggevoli e anche economici.

Il **design**. Cosa importa se un purificatore dell'aria non sembra un purificatore dell'aria? Importa eccome! L'aspetto estetico degli oggetti in una Smart Home ha una valenza enorme sia in termini di praticità che ornamentali. Quando si arreda casa si tengono a mente questi due aspetti: l'ambiente, infatti, deve essere confortevole e mettere a proprio agio chi vi abita, altrimenti che senso avrebbe impiegare dei designer esperti per la progettazione di ogni singolo oggetto?

Quando parliamo di praticità di un oggetto favorita dal design intendiamo una serie di aspetti: se esso sia semplice da trasportare, da usare per l'utente, da pulire, se sia robusto e i cui pezzi sostitutivi siano facilmente producibili e reperibile. Uno Smart Object, lo dice la parola stessa, deve essere intelligente e garantire il benessere dell'utente. Questo non avviene se l'interfaccia è troppo complicato o se l'oggetto in sé è fragile, si rompe facilmente o si danneggia a causa della polvere e dell'umidità.

I designer, quindi, devono costantemente comunicare con ingegneri e tecnici per utilizzare processori piccoli, economici e che entrino in un oggetto di dimensioni maneggevoli, ma senza mai rinunciare alla velocità e all'efficienza delle componenti.

Identificazione, in modo che ognuno sia dotato di un identificativo. L'oggetto è definibile come la conversione tra un hardware e un'entità digitale. Quest'ultima è biunivocamente associata all'entità fisica e possiede un ID che identifica l'oggetto nel mercato.

Localizzazione, poiché molti dispositivi, come i sensori di sicurezza collegati alle centrali di polizia, devono inviare informazioni sulla propria posizione

Stato di funzionamento, perché comunichino quando necessitano di manutenzione. Pensa solo ai moderni dispositivi sulle auto che indicano quando è ora di cambiare l'olio o fare la revisione.

Interazione, ovvero raccoglie le informazioni dai sensori sparsi per la casa, li elabora e memorizza, compie azioni e svolge il ruolo di interfaccia tra abitazione e proprietario

-L'Internet of Things integrato con la domotica per vivere meglio: la creazione di un ecosistema-

Riassumendo, Internet of Things indica l'integrazione del Web negli oggetti quotidiani. Gli oggetti, le persone e i luoghi fisici entrano in contatto: le cose sono in grado di interagire con l'ambiente esterno, recuperando, elaborando e trasmettendo informazioni tra il Web e il mondo reale, al fine di migliorare la qualità della vita quotidiana. La domotica si occupa di trasformare delle case tradizionali in Smart Home, rispondendo alle esigenze dei proprietari di casa e automatizzando alcuni processi. Il **connubio tra connessione e controllo da remoto delle funzioni della casa**, ha portato a diversi vantaggi, come la gestione intelligente degli elettrodomestici, dei consumi e il miglioramento del comfort abitativo.

Grazie all'incontro tra domotica e Internet of Things, la casa si trasforma in un **ecosistema** in cui ogni dispositivo si collega all'altro per completare le funzioni di ognuno: i sensori di movimento sono collegati alle telecamere di sicurezza, all'impianto delle luci esterne, ma anche a un assistente vocale o alle Smartphone per la loro attivazione; le tapparelle possono essere connesse a dispositivi mobili o speaker per la loro attivazione. Si parla di ecosistema grazie agli obiettivi delle Smart
Home, ovvero quelle di **contenere i consumi, i costi e favorire il benessere di chi vi abita**.

-Gli ecosistemi domestici nel mondo-

In una Smart Home, **tutto dovrebbe funzionare in modo armonico**: ogni componente dell'abitazione dovrebbe essere in grado di attivarsi a orari precisi e compiere una certa azione. Questo porta a un maggiore comfort, grazie al regolamento della temperatura, delle luci e l'automazione di compiti che altrimenti spetterebbero a chi ci vive, a un aumento della sicurezza da attacchi informatici, ingressi non consentiti, calamità naturali e pericoli interni all'abitazione, a un maggiore risparmio energetico, alla facilitazione della vita per le persone disabili o con difficoltà a muoversi e anche dell'installazione di alcuni elettrodomestici rispetto a quelli tradizionali.

I suddetti vantaggi sono stati ben compresi dagli americani che sono i maggiori consumatori di Smart Object a livello mondiale. Negli **Stati Uniti**, infatti, le Smart Home rappresentano circa la metà delle abitazioni private. A fine 2016 negli USA si contavano 21,8 milioni di case intelligenti, quest'anno intorno ai 48 milioni, destinate a crescere del 47% entro la fine del 2021.

In Italia, come vedremo in modo più approfondito nel capitolo dedicato, le Smart Home sono viste soprattutto come **opportunità di risparmio sia in termini di denaro che di consumi.**Infatti, la maggior parte dei dispositivi acquistati per la casa nell'ambito dell'internet of Things riguarda i contatori intelligenti. Agli italiani piace essere connessi, avere sempre a portata di mano informazioni, video, musica e comunicazione con i propri cari, ma ancora in Italia non vi è un alto livello di consapevolezza delle opportunità di una casa intelligente. Non solo: ancora i **processi di progettazione, installazione dei dispositivi e assistenza post-vendita** delle case Smart non sono del tutto al passo coi tempi, come in altre parti del mondo come Stati Uniti o Giappone. Gli italiani sono ancora scettici di fronte a tecnologie digitali che potrebbero rivelarsi **difficili da usare** per un utente non pratico di informatica. In realtà, questi dispositivi sono stati studiati apposta per essere utilizzati anche da persone abituate all'analogico, avanti con l'età, come vedremo nel prossimo capitolo, o anche con disponibilità economiche non particolarmente elevate. Il progresso nell'ambito delle Smart Home si sta muovendo nella direzione di invitare le persone a ragionare sui vantaggi di questo tipo di abitazione: chi le prova, anzi, ammette di non poterne fare più a meno, perché sono davvero alla portata di tutti e portano numerosi vantaggi. Più avanti, elencherò anche una serie di controversie legate al mondo delle Smart Home, ma per ora ci basta tenere presente che una casa connessa, nel periodo di cambiamenti sociali, lavorativi e delle abitudini che stiamo vivendo, può essere una valida alleata per affrontare meglio la vita quotidiana. Secondo l'Osservatorio Internet of Things della

School of Management del Politecnico di Milano, anzi, gli acquisti di Smart Objects per la casa continueranno a crescere, sia nel nostro paese che nel mondo, aggiungendo le 1,3 miliardi di unità vendute entro il 2022.

Si stima che, **nei prossimi anni**, le nostre case saranno caratterizzate da maggiore controllo dei livelli di consumo su base giornaliera, in modo da invitare gli inquilini ad adottare abitudini di consumo migliori, e da più assistenti vocali, in grado di registrare le richieste degli uomini in un database e riuscire a prevedere l'utilizzo di ogni apparecchio della casa a seconda delle preferenze personali. In questo senso, la propria casa sarà totalmente fatta su misura per il suo proprietario.

CAPITOLO 3

I benefici di una Smart Home e gli oggetti che li favoriscono

Dopo aver introdotto il concetto di Smart Object, voglio soffermarmi sulla presentazione dei dispositivi intelligenti che ci permettono di vivere meglio in una realtà abitativa. Indicherò quali invenzioni esistono sul mercato per favorire il miglioramento della nostra quotidianità. Ho scelto questo elenco specifico di oggetti per due ragioni: da un lato, troverai gli Smart Object più diffusi, dall'altro quelli che non ti aspetteresti mai di trovare in commercio, tanto sono incredibili. Per essere più chiaro, dividerò i vari dispositivi in base alla loro utilità.

-Sistemi smart per il controllo dei consumi-

Smart Metering. Si tratta di **sistemi di telelettura dei contatori di luce, acqua e gas.** Con questi dispositivi, le operazioni legate alla lettura del contatore, dei consumi, la disattivazione dell'offerta con un certo ente e operazioni simili sono tutte automatizzate. Il proprietario di casa sa sempre **quanto consuma** e, quindi, quanto spende. Un contatore intelligente è anche in grado di comprendere quando subisce un **guasto** e di richiedere automaticamente assistenza. Non solo guasti: anche possibili dispersioni di energia che necessitino di un intervento di riqualificazione, in modo da abbassare i consumi e portare un beneficio anche al pianeta. **L'Italia è un paese leader nella produzione e vendita di Smart Metering**: è il primo Stato ad averli introdotti in Europa e circa il 97% della popolazione usufruisce di questo servizio intelligente.

Termostati. Un termostato intelligente permette al proprietario di casa di **regolare la temperatura degli ambienti comodamente, ma anche gli orari di attivazione e anche registrare i consumi.** Ciò che rende questo dispositivo smart è la facilità di attivazione e la possibilità di controllare interamente le sue funzioni da remoto, grazie alla connessione WiFi. I termostati intelligenti sono in grado di localizzare il proprietario di casa e prevedere il suo rientro a casa: quando questo, infatti, si trova nelle vicinanze dell'abitazione, il termostato si attiva, riscaldando l'ambiente e aumentando quindi la sensazione di comfort al rientro. Come altri Smart Objects, anche i termostati intelligenti possono essere collegati ad assistenti vocali, per un'esperienza d'uso ancora più facile e immediata.

Valvole termostatiche Smart. Completano la riduzione dei consumi del termostato, dividendo l'abitazione in piccole unità controllabili separatamente.

Bagno Smart. Anche in **bagno** non manca la connessione Internet. Viene installato un controller, di solito negli specchi o nel muro, con cui regolare la temperatura dell'ambiente e dell'acqua. Le docce vengono dotate di altoparlanti intelligenti che distinguono la voce della persona nel rumore dell'acqua ed esaudisce tutte le sue richieste: accendere delle luci led nella cabina, la musica, regolare il getto, riscaldare o raffreddare la temperatura, per un momento che va oltre la cura della persona. Anche le **vasche** sono dotate di questa intelligenza: è possibile regolarne la temperatura, il livello dell'acqua, la presenza di idromassaggio ecc.

Smart Camino. Quando si parla di camino, è difficile pensare a una soluzione attenta all'ambiente. Eppure, c'è un modo tutto smart per godersi il tepore del fuoco ed essere anche amico dell'ambiente. Il segreto sta nell'eliminare la canna fumaria, difficile da realizzare e gestire: i camini a vapore, a bioetanolo elettronico e telecomandati permettono di comandare a distanza l'accensione e lo spegnimento del fuoco senza produrre gas poco salutari.

-Sistemi per la produzione di energia-

Impianto fotovoltaico. I pannelli solari utilizzano l'energia solare per produrre energia green. Oggi, i prezzi di questi dispositivi si è notevolmente abbassato, viste anche le opportunità di risparmio che garantiscono. Non solo rendono l'abitazione energicamente più autonoma, ma riducono lo spreco di corrente (si evita la produzione di circa 5 kg di CO_2 al giorno, corrispondenti, su un anno, a quasi 2 tonnellate) e anche il costo della bolletta. I pannelli vanno collegati a un **sistema di accumulo**, ovvero una batteria che si ricarica durante il giorno per permettere di utilizzare la corrente di sera.

-Sistemi di intrattenimento-

Assistenti vocali. Nel 2018 erano considerati degli oggetti catapultati nella nostra epoca dal futuro, ma oggi in tanti ne hanno uno in casa. Sono dei software wireless basati sull'IA e su microfoni. Se dovessimo descrivere gli **Smart Speaker** a un bambino, diremmo che si tratta di casse intelligenti che fanno qualsiasi cosa gli chiediamo. Essi si interfacciano alla rete grazie alla connessione WiFi e rispondono a tutte le nostre domande grazie all'Intelligenza Artificiale. Questi apparecchi possono riprodurre le nostre canzoni preferite, cercare informazioni su Internet per noi, scrivere la lista della spesa, promemoria, impostare la sveglia e molto altro. Senza muovere neanche un dito! A parte la praticità e la comodità di questi apparecchi, la buona notizia è che il progresso della tecnologia sta portando sempre di più gli Smart Speaker ad avere conversazioni simili a quelle umane. L'obiettivo è quello di riuscire a portare l'Intelligenza Artificiale a comprendere anche le richieste più complesse dei proprietari, soprattutto quando non riescono a essere del tutto precisi...

-Sistemi di illuminazione e prese intelligenti-

Smart Bulb. Le Smart Bulb sono **lampadine intelligenti** che vanno a sostituire quelle a incandescenza. Emettono il 90% di luce in più e consumano l'80% di elettricità in meno rispetto alle sorgenti alogene. Alcune sono collegabili ai dispositivi mobili o anche agli Smart Speaker. È uno tra gli oggetti più venduti tra quelli che funzionano grazie a Internet: i vantaggi sono numerosi, a partire dal controllo da remoto fino ai consumi ridotti. Il consumatore può scegliere in diversi colori, toni (se calde o fredde), se dotate di sensore di movimento o protezione per gli occhi. Basta poi collegarle al proprio cellulare tramite WiFi o Bluetooth e controllarne l'accendimento e lo spegnimento da remoto. Si può anche impostare un timer in modo che seguano le esigenze del proprietario di casa, in termini di luminosità.

Prese di corrente smart. Più note con il nome di **Smart Plug**,le prese elettriche intelligenti consentono di programmare l'accensione e lo spegnimento del dispositivo a cui sono collegate da remoto, per risparmiare energia elettrica, monitorare i consumi o programmare l'attivazione di un elettrodomestico. Tutto tramite Smartphone o comandi vocali. L'utilizzo di queste **prese intelligenti** non richiede alcuna modifica all'impianto elettrico, sono facili da installare, discrete e non richiedono molto tempo per entrare in funzione: basta scaricare l'app, collegare la presa al WiFi o via Bluetooth e cominciare a usarla.

-Sistemi di sicurezza intelligenti-

Telecamere. Le telecamere smart sono dispositivi per garantire la **sicurezza della casa** e di chi ci vive. In confronto ai sistemi di sorveglianza tradizionali, questi dispositivi sono controllabili attraverso lo Smartphone, in modo da sapere sempre cosa succeda in casa e sentirsi protetti. Le telecamere smart possono attivarsi grazie al rilevamento di un movimento sospetto e registrare video in alta definizione, anche nelle ore notturne. Inoltre, in caso di possibili intrusi, invia notifiche al proprietario, anche se questo si trova lontano. Le immagini vengono poi salvate su un cloud e rese disponibili all'utente in caso di necessità.

Sensori di movimento. I sensori di movimento sono Smart Objects principalmente utilizzati per **l'accensione delle luci o l'individuazione di persone nell'ambiente.** In commercio ne esistono di tre tipi: a infrarossi, rilevamento di fasci o a microonde. Qualunque sia la tecnologia di rilevazione del movimento, i sensori smart vanno collegati al WiFi, in modo che possano comunicare sullo Smartphone del proprietario ciò che avviene in un certo ambiente. Il bello di questi oggetti è che sono veramente piccoli e non destano alcun sospetto a eventuali intrusi.

Serrature Smart. Le **Smart Lock** sono serrature controllabili dal cellulare. Non necessitano dell'uso delle chiavi che, purtroppo, a volte si perdono o si dimenticano. Le serrature intelligenti sono collegate al WiFi, in modo da essere gestite da remoto. Ciò non è utile solo per non avere il problema delle chiavi o per chiudere casa se siamo usciti di fretta e ce ne siamo dimenticati. Inoltre, in alcuni casi, potremmo dover consentire l'accesso a persone non della nostra famiglia ed è più comodo utilizzare delle serrature comandate a distanza. Ogni ingresso in casa viene registrato e comunicato al proprietario. È possibile anche collegarle ad altri Smart Objects come telecamere, luci o altro, in modo da avere sempre il controllo sulla sicurezza di casa e gli ingressi.

-Elettrodomestici a risparmio energetico, utili per le faccende di casa e per il tempo libero-

Ombrello Meteorologo. Ecco un esempio ben riuscito di Internet of Things. Non si tratta di un oggetto totalmente domestico, ma è in grado di migliorare la giornata di chiunque **prima di uscire di casa**: infatti, l'ombrello smart avvisa il proprietario quando il tempo sta cambiando, ma possiede anche un geolocalizzatore in modo da non dimenticarlo in giro. Addirittura, se qualcuno prende l'ombrello e lo allontana dal proprietario, questo riceve una notifica, così che non avvengano scambi di oggetti tra sconosciuti.

Bilancia Smart. Non solo delle bilance che fanno comparire un numero sullo schermo, ma molto di più. Le bilance intelligenti **sono molto precise e in grado anche di rilevare altre metriche**, oltre al solo peso. Infatti, può mostrare la massa grassa, quella ossea, le calorie bruciate rispetto alla pesata precedente. Inoltre, è possibile registrare i risultati e ritrovarli sullo Smartphone, in modo da tenere sotto controllo i progressi in caso di dimagrimento o attività sportiva. Al proprietario della bilancia basta solo inserire i propri dati e parametri e lo smart object fa il resto, tenendo monitorate tutte le pesate.

Robot aspirapolvere. Le tecnologie per facilitare e rendere più efficaci le pulizie di casa vengono studiate da anni. I primi **robot aspirapolvere** sono stati studiati nel 2000 e hanno registrato dei record nelle vendite fin da subito. Si stima che quest'anno sia stato venduto il 32% di robot aspirapolvere (in tutto il mondo) in più rispetto all'anno scorso, forse anche per la maggiore necessità di pulizia e disinfezione dovuta dal Covid-19. Sono stati tra i primi oggetti davvero Smart diffusi nelle case. La loro intelligenza permette di far risparmiare molto tempo e anche soldi. È totalmente autonomo: sa quando attivarsi, com'è fatta la casa, quale sia il tipo di pavimento e dove ci siano resti di sporco. È in grado di rimuovere anche i più piccoli frammenti di polvere, per garantire un ambiente più pulito e sicuro.

Cucine Smart. La cucina è tra gli ambienti che richiede maggiore attenzione in fatto di pulizia, elettrodomestici e conservazione degli alimenti. Per questo, gli ingegneri di tutto il mondo si impegnano per fornire alle cucine dei servizi Smart in grado di aumentare l'efficienza di questa stanza. Esistono, per esempio, cappe intelligenti, in grado di rilevare fumi e vapori e attivarsi autonomamente, gestendo i flussi d'aria e la potenza. Ci sono poi frigoriferi che mostrano il proprio interno attraverso un'app sullo Smartphone. Così, se ti trovi al supermercato e non ricordi se hai il latte in casa, puoi sempre buttare un occhio. Stesso discorso per i forni Smart, in grado di spegnersi quando rilevano dei fumi o essere controllati da remoto.

Depuratori dell'aria. Si tratta di un elettrodomestico **in grado di pulire l'aria degli**

ambienti interni, attraverso un sistema di purificazione basato su una ventola, dei filtri ed altre tecnologie come la ionizzazione ed i raggi UV. E' adatto soprattutto in case di città inquinate, in primavera quando si diffondono i pollini o dove abiti una persona asmatica o con particolari allergie. Ne esistono di diverse forme e design, da quelli a colonna a piccoli barattoli da appoggiare su un mobile, fino a quelli che possono anche contenere delle cose. Con la sensibilizzazione nei confronti dell'emergenza climatica, sono stati venduti molti di questi dispositivi.

Specchi Smart. Si tratta dell'ultima innovazione nel campo delle Smart Home, ovvero specchi touch screen in grado di controllare tutte le funzioni della casa. Questi dispositivi hanno la capacità di monitorare il consumo energetico della propria casa e gestire i propri apparecchi. Esistono poi delle varianti "meno controller" e più specchi come alleati della bellezza: questi sono in grado di analizzare il viso e consigliare il trucco, l'acconciatura e trattamenti più adatti.

-Anche il giardino di casa diventa Smart-

Irrigatori Smart. Ricordi l'esempio di Mon Oncle all'inizio del manuale? In diverse scene gli irrigatori e le fontane si azionano da soli. Non è una novità assoluta un sistema di innaffiamento delle piante automatizzato, ma oggi sono quasi tutti dotati di centraline intelligenti: sono dispositivi che, collegati al WiFi, permettono **la gestione da remoto del proprio impianto di irrigazione.**Non solo: aiuta a **evitare sprechi di energia e di acqua,** non attivandosi quando rileva l'arrivo della pioggia.

-Le app per la Smart Home-

Le **applicazioni per Android ed Apple per la gestione della domotica** sono un valido strumento per tenere sotto controllo tutto ciò che avviene in casa. Grazie a queste, si possono collegare i vari dispositivi casalinghi al cellulare e gestirli da remoto. Le applicazioni per Smartphone servono a completare l'uso degli Smart Speaker: il massimo dell'agiatezza in casa, infatti, deriva dal comandare questi ultimi dispositivi con la voce e chiedere loro di fare qualcosa. Tutto senza sollevare neanche un dito. I cellulari sarebbero utili per controllare la casa *fuori casa*.

-Smart Home per persone disabili, malate e con mobilità ridotta-

Come già anticipato poco fa, esiste una corrente di pensiero che mira a creare soluzioni per affiancare le persone e sostenere la loro salute, semplicemente integrando la connessione Internet in oggetti tradizionalmente usati in ambito medico: sto parlando della **Internet of Medical Things**.

In questo 2020, colpito dalla pandemia di Coronavirus Sars-2, molti medici, ingegneri e anche pazienti si sono resi conto dell'importanza di creare **soluzioni intelligenti per l'assistenza domiciliare,** evitando che il paziente più a rischio esca di casa per recarsi in clinica o ambulatorio. Questo potrebbe essere utile anche in caso di infortunio o solo per comodità. I dispositivi medici intelligenti, come tutti gli altri Smart Objects, sono creati per risparmiare tempo e rendere più confortevoli le giornate degli utenti. Secondo uno studio pubblicato da MarketResearch.com, il 40% degli Smart Objects saranno destinati al settore medico, con un valore di mercato di circa 117 miliardi di dollari.

Pensa anche a quanti soldi può risparmiare la sanità pubblica **sostituendo delle semplici procedure automatizzabili con degli Smart Objects**. L'internet of Medical Things ha aperto nuove opportunità nell'assistenza sanitaria, dal monitoraggio remoto ai sensori intelligenti e all'integrazione dei dispositivi medici. In questo processo sono utili gli assistenti vocali, i portapillole che ricordano al paziente di prendere i medicinali, i dispositivi che rilevano i parametri vitali e li registrano e tutti i device per comunicare con i dottori.

Vediamo insieme i principali vantaggi che l'Internet of Medical Things porta nella sanità:

Telemedicina. L'obiettivo di questa branca della tecnologia è quella di delocalizzare le cure sul paziente, senza affidarsi necessariamente a strutture cliniche. Questo avviene grazie all'uso di dispositivi dotati di sensori, economici, comodi e facili da usare, che portano a diversi benefici:

Identificare i primi sintomi e i rischi per la salute, permettendo di agire con tempestività. Pensa al caso di una persona con scompensi cardiaci che deve sempre essere tenuta sotto controllo. In caso di aritmie o rischio di infarto, uno Smart Objects potrebbe rilevare delle anomalie e salvare la vita al paziente;

Monitorare costantemente gli indicatori dello stato di salute e decidere le cure, ma anche, poi, mantenerle e analizzarne gli effetti;

Prendere appuntamenti a distanza;

Comunicare con il proprio medico curante senza recarsi in clinica;

Archiviazione istantanea della cartella clinica del paziente;

Indipendenza del paziente. Si sono diffusi, negli ultimi due anni, dispositivi indossabili che registrano i parametri vitali e altre metriche legate alla circolazione sanguigna, al battito cardiaco, alla sudorazione e molto altro. Si tratta di Smart Objects che permettono al paziente di analizzare e registrare autonomamente le reazioni del corpo a specifiche terapie. In alcuni casi, questi dati possono essere direttamente comunicati al medico di base.

Ricerca sanitaria. Un paziente che soffre di una malattia che interessa la ricerca scientifica può essere osservato a distanza grazie a dispositivi che rilevano le sue abitudini, le reazioni del corpo dopo l'assunzione di medicinali, i parametri vitali e molto altro. Questa incredibile mole di dati potrebbe significare una svolta importantissima nel campo della ricerca contro alcune malattie come quelle neurodegenerative, cancro e patologie genetiche. Immagina che enorme risparmio di soldi comporterebbe raccogliere i dati sulla salute del paziente attraverso uno smartwatch o dei cerotti connessi. Oggi, ancora, non siamo al livello in cui i ricercatori si basano solo su dati rilevati a distanza dal paziente, ma ci si affida ancora a test clinici, ma in futuro gli Smart Objects potrebbero favorire la proliferazione di informazioni molto preziose per l'evoluzione della medicina.

Altre persone che giovano dell'innovazione della Smart Home sono le **persone disabili o con ridotta mobilità**, come anziani o infortunati. L'ambiente, in questo senso, è attivo e supporta il proprietario di casa grazie a dispositivi che assistono nella mobilità o soluzioni governabili a distanza e non sempre solo con un dito. Pensa per una persona non vedente quanto possano essere utili gli smart speaker, i quali non necessitano dell'uso di schermi o pulsanti.

La domotica ha due funzioni principali: favorire l'**indipendenza** anche degli utenti con disturbi delle capacità motorie di vivere la propria casa sentendosi autonomi e più sicuri, **rendere sicuro l'uso dei dispositivi e degli spazi**. Le strutture impiegabili in casa per renderla a misura delle necessità del suo proprietario sono diverse:

- apparecchi per l'**assistenza al movimento**, come macchinari per la riabilitazione che registrano i progressi o i montascale, sempre più veloci e facili da gestire;

- dispositivi per il **monitoraggio della salute** del paziente, in modo da registrare i parametri vitali e comunicarli direttamente al medico;

- **allarmi per le emergenze** di salute collegati alle unità di intervento. In questo senso, anche un semplice speaker potrebbe salvare la vita di una persona. Purtroppo potrebbe capitare che un disabile o un paziente cagionevole cada e debba richiedere aiuto con la propria voce, senza potersi muovere;

- **dispositivi per la gestione dell'ambiente domestico,** ovvero sistemi che possono permettere di regolare, avviare e arrestare i vari dispositivi a distanza, con semplici gesti.

La Smart Home progettata per accogliere una persona disabile, anziana o con infortuni è senza barriere: non presenta un ambiente angusto, dispositivi difficili da raggiungere e comprendere, oggetti che funzionano solo con un intervento manuale. La casa intelligente, in questo senso, **mira all'autonomia e alla salute di chi ci abita**,qualsiasi sia la sua condizione.

Ogni stanza, così come l'appartamento stesso è accessibile sia attraverso la sedia a rotelle che con bastoni. I mobili sono adattati all'altezza della persona e presentano dei supporti alla mobilità. L'esempio che abbiamo tutti presente è il bagno dedicato ai disabili, in cui vi sono molti sostegni, servizi accessibili anche con una scarsa mobilità e che non mettano in pericolo la persona, carrelli elettrici per supportare il movimento.

Ancora più attenzione bisogna poi prestare alle **Smart Home per gli anziani**: i dispositivi dovranno essere molto semplici da usare e anche efficienti. Ad oggi, le soluzioni prettamente dedicate ai nostri nonni non sono particolarmente innovative: si tratta più che altro di montascale, dispositivi per le chiamate di emergenza e apparecchi che utilizzano anche le persone disabili per compensare il calo della vista, dell'udito e della mobilità. Servirebbero molte più soluzioni pensate appositamente per loro, in modo che non sia l'anziano a doversi adattare agli Smart Objects studiati per qualcun altro, ma l'oggetto intelligente ad adattarsi al suo proprietario.

Le case accessibili, come vengono chiamate le Smart Home dedicate alle categorie di cui ti ho parlato in questo paragrafo, sono ancora davvero poche e gli Smart Objects sono ancora oggi poco più di prototipi. Studiare una casa quasi completamente automatica, senza barriere architettoniche, amica dell'ambiente, ma anche del proprietario è la prossima sfida del futuro.

CAPITOLO 4

Costi di una Smart Home: progetto, acquisto, manutenzione e consumi

Quando si parla di **prezzi per rendere l'immobile domotizzato**, bisogna tenere conto di alcuni fattori: la metratura della casa, il numero delle stanze, il numero dei punti luce e delle prese, la tipologia di programmazione e supervisione necessaria per le funzioni scelte. Rendere la casa domotizzata non significa stravolgerla completamente, ma considerare degli interventi graduale, a partire da impianti basilari fino ad aggiungere sempre più Smart Objects per rendere l'immobile sempre più intelligente.

-Come rendere una casa tradizionale "intelligente" senza spendere una fortuna e chiamare un professionista?-

Tutte le case tradizionali possono trasformarsi in Smart Home e questa metamorfosi può avvenire attraverso l'acquisto di dispositivi intelligenti, anche da parte di persone non troppo ferrate in materia di tecnologia. Infatti, esistono dei **metodi fai da te per costruire un ambiente smart**.
Ciò che serve, innanzitutto, è una **connessione Wi-Fi potente** collegare tanti dispositivi e coprire l'area di tutta l'abitazione, sia dentro che fuori. Alcune persone pensano che per rendere casa propria più smart servano interventi di tipo strutturale, ma non è così: i requisiti fondamentali sono alcuni dispositivi di nuova generazione. Questi sono facilmente reperibili in

qualsiasi negozio di elettronica, e-commerce o anche in grandi store dedicati alla casa. Alcuni di questi centri, come IKEA, hanno studiato delle **soluzioni per rendere intelligente l'abitazione in modo semplice ed economico** .Si tratta, tra l'altro, di oggetti dal design elegante e molto efficienti. Non serve per forza spendere una fortuna per vivere in un ambiente più smart.

Ovviamente, se si cercano soluzioni più sofisticate, il semplice kit di Apple per la smart home o del negozio di bricolage non basta: **questi sono Smart Objects per chi vuole concedersi qualche piccolo lusso**, come un'illuminazione comandabile a distanza, con la voce, o delle tende che rispondono alle richieste del proprietario. Insomma, si tratta di oggetti dalle funzioni basilari, ma efficienti.

Ognuno di questi singoli accessori per la casa facilmente reperibili e venduti in ampia scala costano dai 60€ a un massimo di 400€ l'uno. Il lavoro più grande che dovrai eseguire sarà connettere tutti i tuoi acquisti allo Smartphone, attività che potrebbe richiederti...10 minuti massimo?

Parliamo ora di qualcosa di più complesso. Non mi riferisco agli **elettrodomestici smart**, il cui discorso è identico a quelli dei piccoli oggetti intelligenti: anche le lavatrici, le lavastoviglie ecc. possono essere acquistate in un comune negozio di elettrodomestici e montate in meno di un'ora. Certo, costano di più rispetto a uno smart speaker, ma non sono complessi quanto un **impianto di domotica di base**.

-Il preventivo per una Smart Home basilare-

Le persone sono spesso spaventate dall'idea dei costi per trasformare una casa qualsiasi in una Smart Home. Nell'immaginario comune, queste abitazioni sono in grado quasi di pensare e prendere decisioni autonomamente, sono futuristiche, provengono da altri pianeti e, quindi, costano. Ancora oggi siamo un po' tutti come zio Hulot: ci sorprendiamo e spaventiamo allo stesso tempo di fronte a una casa particolarmente moderna.

Non esiste un costo fisso per rendere la propria abitazione Smart. Non è come entrare in un negozio di abbigliamento e chiedere il prezzo di una maglietta. Quando si parla di domotica, bisogna sempre avere ben chiari in mente quali interventi vogliamo eseguire. Torniamo alla **domotica di base**, quello che ho introdotto nel paragrafo precedente. Si tratta di quegli impianti che necessitano di una ristrutturazione o comunque di un intervento sulla struttura della casa. Ad ogni modo, devi chiamare un tecnico, a meno che tu stesso non sia un esperto elettricista, falegname, idraulico ecc. Non solo: ogni progetto deve essere supervisionato da un system integrator, ovvero una persona in grado di rendere ogni dispositivo collegato a tutti gli altri. Per fare questo, è necessario localizzare dei touch point, ovvero gli interruttori intelligenti che sostituiscono i totem digitali, ma anche programmare i vari dispositivi in modo che siano ben cablati e funzionino.

Rientrano in questa categoria quei **prodotti legati alla temperatura, alla luminosità e alla sicurezza**, come i condizionatori, i termostati, le luci smart, gli impianti di videosorveglianza e sensori di movimento collegati a essi. Di solito questi prodotti vengono venduti in pacchetto e non sono particolarmente personalizzabili. Per questo parliamo di domotica di base: i servizi proposti sono limitati a ciò che la casa produttrice vuole offrire e non si può intervenire sulla loro funzione.

Gli interventi sulla casa per l'installazione di questi dispositivi standard sono semplici, ma richiedono delle **modifiche dell'ambiente.** I lavori di questo tipo durano, in genere, massimo un giorno. Pensa solo alla procedura per installare un climatizzatore, di qualsiasi tipo: bisogna prendere bene le misure, creare dei passaggi per lo scarico della condensa che sia a norma di legge, posizionare i vari pezzi dell'elettrodomestico. Per fare ciò è di solito necessario creare dei passaggi nelle pareti e sistemare i tubi in modo che lo scarico di acqua e aria calda avvenga in modo ottimale. Quando parliamo di questi interventi standard, i prezzi lievitano fino a raggiungere le 4 o 5 cifre. Dipende sempre dall'intervento che si vuole eseguire. Un climatizzatore, con impianto incluso, costa in media 4500€. Per la disposizione di telecamere interne e perimetrali con connessione alla polizia e al proprio

Smartphone si parla di solito di cifre dai 600 ai 1000 euro. In questo caso, poi, è più semplice affidarsi ad aziende che si occupano di allarmi, così che si possa acquistare un pacchetto completo, compresa l'assistenza. Insomma, i lavori di questo tipo possono arrivare a superare, anche se di poco, i 10000 euro di spesa, contando che nel costo c'è anche la manodopera degli esperti. Non si tratta, però, dell'intervento più costoso e complesso per rendere la propria abitazione smart.

-L'emozione di possedere una casa unica e custom: la domotica integrata-

La domotica integrata comprende tutti quegli interventi personalizzati al massimo e non venduti su ampia scala. Di solito queste soluzione si trovano in ville, appartamenti di lusso, attici e tutte quelle abitazioni dalle dimensioni consistenti e "predisposte" (anche se potenzialmente in ogni casa può essere installato un impianto di domotica integrata) per accogliere dei sistemi smart complessi. Non ci sono limiti alle funzionalità inseribili in questi appartamenti, poiché è un ingegnere che li studia personalmente. In questo caso, non si rivela solo necessario affidarsi a esperti che installino i vari sistemi manualmente, ma anche contattare un **progettista**,in grado di ascoltare le esigenze e ideare delle soluzioni a misura di proprietario di casa.

La domotica integrata è davvero impressionante e in grado di stupire chiunque entri in una casa. Questo perché il grado di personalizzazione è massimo e non esistono sistemi dello stesso tipo in più case. Ogni impianto è unico e porta la firma del professionista che lo ha ideato.

Quando si parla di una **casa su misura per chi ci abita**, è impossibile scendere sotto i 15000€. Ovviamente, se si tratta di un piccolo, ma personalizzato, intervento su una specifica parte della casa, il costo potrebbe anche scendere. Valuta sempre, però, che oltre agli Smart Objects, agli strumenti per installare l'impianto ecc. devi includere nel preventivo anche il costo del progettista, di chi interverrà di persona, di chi metterà a posto la casa una volta concluso il lavoro. Sono tutte spese necessarie e inevitabili.

Si stima che un lavoro su tutto l'appartamento, in modo da creare un sistema integrato complesso e interconnesso, costi anche più dell'abitazione stessa.

-Una casa Smart è un investimento per il futuro-

Per tranquillizzarsi dalla paura di spendere troppi soldi per un sistema di domotica efficace, alcune persone dovrebbero tenere a mente che **una Smart Home è in grado di far risparmiare chi la abita**. Non solo: Immobiliare.it, un po' di anni fa, ha condotto una ricerca prevedendo la crescita del valore delle case solo se ecosostenibili e domotizzate.

Partiamo dai **consumi**. Come già accennato, alcuni Smart Objects presenti nelle case intelligenti tengono sott'occhio i consumi, sia per fare un favore all'ambiente, sia per risparmiare: i termostati permettono di ridurre gli sprechi nel consumo di energia per riscaldare o raffreddare la casa, si possono programmare in modo da spegnersi quando non torniamo a casa per tanto tempo, attivarsi solo quando stiamo rientrando; lo stesso discorso vale per un condizionatore smart, gestibile da remoto e di classe energetica di ultima generazione; l'illuminazione intelligente si può regolare, renderla più sfocata o spegnerla da remoto; le smart plug consentono di gestire l'attivazione e lo spegnimento di diversi dispositivi; esistono poi sensori intelligenti che indicano al proprietario quanta acqua sta utilizzando. Insomma, con questi e altri dispositivi, un proprietario di Smart Home può arrivare anche a risparmiare il 40% annuo su tutte queste spese.

Per non parlare poi dei modi per **generare autonomamente corrente**,come i pannelli fotovoltaici, le pale eoliche, micro idroelettrici. Si tratta di sistemi eco sostenibili che aiutano a produrre energia elettrica sfruttando la natura. La produzione di energia elettrica attraverso impianti di questo tipo esclude l'utilizzo di qualsiasi combustibile e azzera le emissioni in atmosfera di gas e di altri inquinanti.

Il connubio di soluzioni eco sostenibili che sfruttano la natura per generare energia elettrica e di quelle studiate dalla domotica **permettono di risparmiare molto sulla bolletta, ma anche
rispettare l'ambiente.**
Passiamo ora a raccontare come la domotica possa **aumentare il valore di un'abitazione.**
La ricerca di Immobiliare.it del 2015 ha fatto emergere che una casa domotizzata acquisisce il 15% del suo valore. Questo dato è particolarmente utile quando si valuta la rivendita dell'appartamento, che sarà più proficua rispetto a quella di una casa con impianti tradizionali: non solo il guadagno è maggiore, ma è molto più veloce vendere una casa domotizzata.
Queste, infatti, sono molto più richieste.
Non importa quanti anni abbia l'appartamento: se è stato sottoposto a una ristrutturazione con un

impianto di domotica moderna può acquisire **lo stesso valore di un appartamento di nuova costruzione**.

CAPITOLO 5

Le Smart Home in contesti civili: dove è più facile trovarle

La diffusione delle tecnologie legate alla corrente di Internet of Things è in grande crescita, consentendoci di circondarci di oggetti smart e sempre connessi alla nostra casa indipendentemente da dove ci troviamo e in ogni momento. L'integrazione di internet negli oggetti e, in generale, nelle attività quotidiane, cambia il modo di lavorare, di vivere in casa e fuori. Le tecnologie pervadono dunque ogni ambito dell'esistenza che si trasforma in **smart living, ovvero un ambiente che comunica attraverso i dispositivi per facilitare la vita di chi lo vive.** Ciò significa che esse possono esserci utili in qualsiasi scenario: quando ci rechiamo in uffici racchiusi in smart building, quando riceviamo pacchi in modo veloce grazie alle smart logistics o quando semplicemente abitiamo in casa nostra. Per non ripetere poi tutto il discorso sulla smart health e citare la crescente diffusione delle smart car, ancora più vendute di qualsiasi altro dispositivo elettronico.

-Smart Home in Smart Cities-

Il concetto di "ambiente intelligente" non riguarda solo gli appartamenti, ma anche intere città. Quando si parla di **Smart Cities**,si intende una rete urbana connessa e basata su tecnologie digitali. In questi ambienti vasti e aperti, i cittadini possono soddisfare dei bisogni in termini di servizi, informazioni e comunicazione. Essi non vivono più solo la realtà della città, ma anche in una rete virtuale in cui può trovare risposte alle proprie domande, rapportarsi con le istituzioni e svolgere azioni veloci.

Le Smart Cities hanno cambiato la visione che gli Stati hanno delle persone e degli ambienti.I cittadini sono coinvolti e resi partecipi della vita sociale e politica del luogo di residenza. Sono attivi, prendono decisioni, comunicano con gli organi della Pubblica Amministrazione senza barriere. D'altra parte, l'amministrazione è svolta in modo più trasparente, comunica attraverso le tecnologie e tutta la documentazione importante per il cittadino è aperta e liberamente consultabile. Cambiano poi i costi, il comfort e l'impatto sull'ambiente: il **livello di benessere dei cittadini** è di prioritaria importanza e deve essere garantito attraverso assistenza medica smart, scuole e posti di lavoro con la possibilità di partecipazione a distanza, i luoghi di cultura e apprendimento devono essere liberi ecc.

L'impatto sull'ambiente deve essere minimo, grazie anche a soluzioni di Smart Mobility che riducono l'uso dei mezzi privati a favore di sharing, mezzi pubblici e micro mobilità.

Infine, ogni cittadino deve far parte di questa macchina eco sostenibile pensata per diminuire i costi e aumentare la partecipazione di tutti: le Smart Cities sono infatti caratterizzate da Smart Economy, in cui si punta alla produttività, alla collaborazione e all'innovazione.

Questo modello di vita nasce da alcune esigenza comuni alle Smart Home:

- abbassamento dell'impatto sull'ambiente (le città coprono il 3% della superficie terrestre, ma sono le maggiori responsabili delle emissioni di gas serra);
- maggiore benessere della persona;

- più produzione.

-Sogno o son desto?-

Se una Smart City ti sembra qualcosa di futuristico, allora ti farò un esempio, così frenerai lo scetticismo: a Lussemburgo c'è un quartiere, **Cloche D'Or**, che è un esempio costruttivo di contesto civile domotico. Uso questo aggettivo perché, se tutte le città fossero così, non dico che la vita sarebbe perfetta, ma quasi. Immagina un quartiere più pulito, ordinato, con tanti servizi utili ed efficaci, in cui sei sempre informato su ogni decisione, iniziativa o comunicazione della Pubblica Amministrazione e hai un ruolo attivo nel benessere dell'ambiente.

Tutte le abitazioni sono Smart Home, ma non solo come le abbiamo conosciute fino adesso: infatti, i dispositivi non sono connessi tra di loro e basta, ma anche con quelli esterni, messi a disposizione dallo Stato. Ciò che emerge da questo progetto, è che i costi non sono esagerati: i progettisti, infatti, hanno capito che, standardizzando alcuni processi di produzione, i prezzi si abbassassero. Una casa domotizzata a Cloche D'or costa come un'abitazione normale, ma permette di risparmiare e vivere nel comfort più totale.

Ogni **appartamento** è dotato di un totem interattivo che permette al proprietario di casa di gestire tutti i dispositivi e le funzionalità della casa. Questo sistema può anche essere collegato a speaker o kit Smart Home di Google e Amazon. L'appartamento è protetto da un sistema di sicurezza direttamente collegato con la polizia, per garantire la tutela degli inquilini. Non solo telecamere e sensori, ma anche un potente firewall per proteggere i dati della casa. Il Lussemburgo è troppo lontano dalla nostra realtà? Allora torniamo a casa. A **Milano** si stanno progettando e sperimentando sempre più quartieri Smart. Non è tutto ancora nella mente degli ingegneri, ma è già realtà: il quartiere Santa Giulia, per esempio, nasce dal desiderio di riqualificazione della zona sud est urbana, in modo che riduca l'impatto sull'ambiente e permetta a chi la vive di essere circondato da utili servizi e comfort.

Il progetto è in via di sviluppo: la zona sud è quasi del tutto completa e presenta servizi come un parco, un asilo, una retail street, la famosa sede Sky. Qui, gli appartamenti sono quasi tutti domotizzati. Gli obiettivi sono molteplici:

- creare un'oasi verde in un quartiere caratterizzato dal passaggio della tangenziale, quindi uno snodo rumoroso e trafficato, dai primi quartieri prettamente urbani e da alcune zone problematiche della città;

- invitare le persone a scoprire una nuova mobilità più green, grazie alle piste ciclabili, le zone pedonali e i servizi di Smart Mobility;

- rendere connessi gli abitanti grazie a infrastrutture che li aiuteranno ad accedere più facilmente ai servizi e a raccogliere informazioni utili;

- creare degli spazi di socializzazione per promuovere nuove attività, bar, ristoranti, cultura e divertimento;

- costruire nuovi servizi per i lavoratori moderni, sempre più spesso connessi e con una gestione del tempo molto più libera. Ecco perché il quartiere sarà dotato di spazi co-working, WiFi pubblico e spazi rilassanti per le pause;

- ridurre le emissioni di gas combustibili grazie agli impianti di domotica nelle case e nei vari edifici;

Il progetto è ancora in crescita, ma si può dire che si stanno facendo dei passi avanti: la maggior parte delle strutture edilizie sono già concluse, asili e scuole sono accessibili e si continua a lavorare per generare nuovi posti auto sotto terra, in modo da rendere le strade in superficie più vivibili per la micro mobilità.

-A che punto siamo con la crescita delle Smart Cities nel mondo?-

Le città sono diventati dei veri e propri campi di battaglia oggi per **nuove sfide**: si punta all'integrazione delle culture, alla socializzazione, alla crescita della produttività e l'abbassamento dei consumi ed emissioni.

Oggi non esistono città 100% Smart. Si può ancora parlare solo di *villages*, ovvero aree urbane rinnovate. Anche se alcune di queste realtà vengono chiamate cities, come accade nei casi di Trento e Torino, non si tratta di un intero agglomerato urbano da confine a confine. In ogni città del mondo si sono introdotte **nuove tecnologie** in grado di rendere un po' più Smart la zona: il 5G, grazie alla sua potenza di connessione e donare un'esperienza migliore ai cittadini, la mobilità intelligente, come sta sperimentando Milano dall'inizio della pandemia, semafori con sensori di attivazione per il risparmio energetico, impiego di impianti fotovoltaici ed eolici, maggiore utilizzo di bioreattori e smart parking, come a Barcellona, che permettono la diminuzione degli spostamenti non necessari per cercare posteggio. Si tratta di alcuni dei numerosi esempi di sperimentazione nelle varie città sul pianeta.

Ogni stato sviluppato del mondo sta cercando delle soluzioni innovative per raggiungere il primato di vera e propria Smart City, ricca di servizi, opportunità e cittadini in linea con gli obiettivi, ma non è tutto rose e fiori: è vero che i **costi** per la realizzazione di zone urbani intelligenti, se la produzione viene controllata e standardizzata, si rivelano simili a quelli di qualsiasi altro intervento di ristrutturazione, ma comunque esistono. Sono necessari soldi da investire nei progetti, sempre più complessi e all'avanguardia, nelle simulazioni, nei prototipi, nei materiali, nei professionisti che vi mettono mano. A questo proposito, come vedremo anche più avanti, sembra che le tecnologie esistano ma vi siano **poche professioni** legate alla loro manutenzione. In Italia vi sono tantissimi elettricisti che, però, non sanno molto di software. In altri paesi del mondo, i progettisti sono esperti di IT, ma non di architettura.

Altri due aspetti da non sottovalutare nell'ambito della costruzione di Smart Cities, sono le controversie che si creano intorno al **ruolo dei cittadini**: non tutti gli studiosi del mondo della domotica sono convinti che una città o un quartiere smart siano alla portata di tutti e ciò creerebbe solo divari nella comunità e anche senso di inadeguatezza. Le soluzioni studiate dai professionisti sono volte a migliorare le interfacce e l'usabilità dei dispositivi, ma non tutte le persone sono propense a cambiare il loro stile di vita per adottarne uno più moderno. Inoltre, sembra che le Smart Cities aprano più possibilità ai **ricchi** di vivere meglio, allargando ancora di più il gap tra chi ha i soldi e chi fatica ad arrivare a fine mese.

Chi vive in un quartiere Smart, secondo alcuni studiosi, è destinato a vivere in una "casa di vetro connessa" (**Rem Koolhaas**, urbanista e docente di architettura) in cui sembrano esserci tutti i comfort al suo interno e si disconnette con tutto il resto del mondo. Sia chiaro, ciò non vuol dire che chi abita in un quartiere Smart non uscirà più da lì: secondo Koolhaas, la vita si ridurrà a delle automazioni, le cose saranno gestite dalla tecnologia, così come le attività e informazioni, mentre le persone saranno solo cervelli passivi spinti a ricevere tutto questo. Non vi saranno più spinte creative, insomma, si vivrà secondo le funzioni della casa e del quartiere.

Non possiamo sapere se Koolhaas ha ragione, poiché gli esempi di Smart Cities sono ancora troppo pochi e in fase di realizzazione, soprattutto in Italia. Ciò che è certo è che un quartiere Smart, in cui l'impatto sull'ambiente è minore, le persone possono usufruire di servizi per la mobilità alternativi, riducendo il traffico, ed essere più attive grazie ai centri ricreativi, potrebbe essere un'**utopia** per il futuro. Chissà, magari siamo di fronte a quella che in un domani diventerà la normalità.

CAPITOLO 6

Il mercato in Italia e all'estero: investimenti e mondo del lavoro nella domotica

Il mercato delle Smart Home cresce di anno in anno: si stima che nel 2020 sia cresciuto del 40%,
raggiungendo un fatturato che si aggira intorno ai 530 milioni, in tutto il mondo. La maggior parte delle vendite sono da ricondurre ai contatori elettrici intelligenti e gli assistenti vocali.
In Italia, il boom di questo mercato non è ancora avvenuto: vedremo che, rispetto ad altri paesi, **la crescita delle vendite di Smart Objects e impianti di domotica procede a rilento.** Anche l'arrivo dei primi dispositivi ha subito dei ritardi: solo con l'arrivo degli smart speaker di Google e Amazon gli italiani hanno acquisito un po' di

consapevolezza sul settore dello Smart Living. Nel 2019, infatti, si è già registrato un notevole incremento delle vendite di altri oggetti connessi per la casa, come termostati intelligenti e illuminazione smart.

In altri paesi d'Europa, come Gran Bretagna e Germania, il mercato delle Smart Home vale quasi sei volte rispetto a quello italiano.

-Smart Home e Smart Buildings: a volte, nella raccolta dei dati, ci si confonde-

Quando si parla di mercato delle **Smart Home** ,spesso si confonde il concetto di casa intelligente con quello di **Smart Building**. Si tratta di due realtà basate sull'Internet delle cose, ma che presentano caratteristiche e scopi differenti.

Una Smart Home, come abbiamo già detto, sono destinate al singolo che beneficia di tutti gli oggetti intelligenti e della domotica.

Uno Smart Building, invece, è un edificio di solito destinato alle aziende per permettere ai lavoratori di accedervi ed essere operativi. Anche questo tipo di costruzione è dotata di oggetti intelligenti, come luci che rilevano i cambiamenti di luminosità nelle stanze, impianti fotovoltaici e molto altro, ma non è prettamente dedicata all'abitabilità. In questo capitolo, leggeremo insieme alcuni **dati sulla crescita economica del settore Smart Home**, vedendo come cambia il rapporto con questo mondo nel caso italiano e quali oggetti siano i più acquistati.

-Crescita del mercato-

Secondo le stime dell'**Osservatorio Internet of Things del Politecnico di Milano**, il mercato dei dispositivi per Smart Home è in costante crescita e ciò riguarda sia il numero dei prodotti venduti, degli investimenti in ricerca e delle conseguenti cose che l'oggetto stesso è il grado di fare.

Gli esperti del settore prevedono che il mercato di Smart Objects legati al funzionamento della casa crescerà del 20,4% di anno in anno e che entro il 2022 l'80% degli Smartphone sarà configurato per avere accesso alle funzionalità di questi oggetti intelligenti.

L'evoluzione della Smart Home sta portando tutti i grandi nomi del settore tecnologico a rivedere la propria produzione e fanno a gare per trovare l'innovazione e sfidare i competitors.

-Il rapporto degli italiani con le Smart Home-

Complice anche l'ultimo periodo di lockdown, diversi studi dimostrano come gli italiani trascorrano **sempre più tempo nelle proprie case** (questo aspetto verrà approfondito più avanti). La maggior parte del tempo libero, inoltre, è trascorso su device come Smartphone, Smart TV, Computer, E-readers e dispositivi per ascoltare musica o guardare video in streaming. E' evidente che la necessità di una connessione più efficiente sia cresciuta notevolmente.

Non serve solo più connessione ma, in generale, più **benessere**: una temperatura ideale, protezione dai rumori, luci più naturali possibile, un'aria più pulita e, poiché il tempo trascorso tra le mura domestiche è maggiore, anche una riduzione dei costi delle bollette.

Secondo i risultati della ricerca sulla Smart Home condotta dall'Osservatorio Internet of Things della School of Management del Politecnico di Milano, **continua a crescere il mercato italiano della Smart Home**, anche se le persone sembrano ancora scettiche di fronte al discorso sulla privacy e sulle difficoltà della gestione di dispositivi tecnologici. E' per questo che, nonostante il continuo aumento degli acquisti di speaker wireless ed elettrodomestici a bassi consumi, comunque l'Italia non risulta all'avanguardia in fatto di Smart Home come altri paesi in Europa. Noi italiani, siamo ancora troppo legati al vecchio concetto di casa e abbiamo una visione del digitale ancora troppo distaccata da noi. Gli unici più spaventati di noi, sembrano gli spagnoli, che negli ultimi anni hanno acquistato molti meno dispositivi Smart.
Le case produttrici stanno quindi ragionando su nuovi modi per superare i pregiudizi di italiani, ma anche di altre persone nel mondo, che sembrano vedere le case smart

come un universo irraggiungibile, in cui le macchine prendono il controllo e rendono gli umani degli scansafatiche. Intanto, stanno cercando di rendere più accessibili le tecnologie, sia in termini di facilità di installazione e uso, sia di prezzo. Come abbiamo visto, Non servono grandi investimenti o ristrutturazioni per rendere la casa un po' più smart.

Le abitazioni intelligenti, inoltre, non sono viste come qualcosa di utile, ma un capriccio: ancora gli italiani **non sembrano trovare del valore** in un'abitazione in grado di servire il suo proprietario e rispondere alle sue esigenze. E' per questo che ingegneri e progettisti della Internet of Things devono sforzarsi per essere sempre più innovativi e creare quell'oggetto di cui non se ne può più fare a meno. In Italia, invece, sembra che la casa sia considerata intelligente quando è in grado di proteggerci e farci risparmiare soldi: infatti, non solo siamo il paese in Europa con il più alto tasso di contatori

Smart, ma gli acquisti di dispositivi di sicurezza, come telecamere, sensori, allarmi ecc. sono sempre più diffusi nella penisola. Dal 2019, inoltre, si è registrato un boom di vendite di smart speaker, in particolare Amazon Echo, a cui collegare il proprio abbonamento Amazon Prime.

Anche gli **elettrodomestici smart** hanno conquistato una buona fetta delle vendite in Italia negli ultimi anni. Ciò che, però, va considerato, è che essi vengano sempre utilizzati nel modo tradizionale. Il consumatore è spinto ad acquistare l'elettrodomestico intelligente per via dei minori consumi, degli incentivi, del design, ma non per le funzionalità smart.

Perché questo ritardo nella percezione della tecnologia in casa? Moltissimi italiani possiedono uno o due Smartphone, siamo sempre connessi sui social, amiamo la Smart TV. Eppure il mercato delle Smart Home non cresce in fretta come in altri stati. La risposta sta in due concetti:

- la poca propensione a informarsi sui vantaggi

- la poca preparazione degli esperti in questo campo che sono più che altro elettricisti

Mentre il primo punto te l'ho già un po' raccontato nello scorso paragrafo, delineando un italiano impaurito dagli attacchi informatici e non particolarmente interessato ai lati vantaggiosi della Smart Home, il secondo merita un po' di attenzione. **La figura del progettista, infatti, in Italia non è molto diffusa**: di solito i lavori riguardanti la domotica vengono eseguiti da elettricisti che non hanno le dovute competenze per gestire dei software. Un altro aspetto che rende difficoltoso l'ingresso degli Smart Objects nelle case d'Italia è la

scarsa assistenza post installazione. Non esistono dei veri e propri esperti di queste tecnologie nel nostro paese: a risolvere i guasti sono sempre elettricisti o chi, di solito, ripara articoli informatici. Non avere una figura professionale a cui affidarsi è un grosso rischio, soprattutto in caso di guasti su articoli essenziali: pensa se le serrature smart non rispondessero ai comandi...

-Investimenti futuri-

I futuri investimenti destinati allo sviluppo dell' **IoT** potrebbero raggiungere i 1,2 trilioni di dollari nel 2022, con una crescita media annua del 13,6% per i successivi cinque anni.

Per quanto riguarda l'Italia, le sfide saranno principalmente tre: maggiore formazione degli addetti all'installazione e alla vendita, investimenti in comunicazione e nuove offerte di servizi di valore abilitati dagli oggetti connessi.

Ancora non ci rendiamo conto dei vantaggi della domotica sui nostri portafogli e anche sulla qualità della vita, ma la sfida sarà, nei prossimi anni, far provare alle persone nuovi dispositivi, far comprendere loro che possono stare tranquille in fatto di sicurezza e privacy.

Sarà fondamentale, in questo senso, non solo adottare strategie di marketing intelligenti e mirate alle emozioni delle persone, ma anche aumentare lo sviluppo di case smart. Secondo una ricerca dell'**Energy Strategy Group** del Politecnico di Milano, pubblicata a dicembre 2020, emerge che un il raggiungimento di uno scenario in cui una grande parte degli edifici siano gestiti in maniera connessa e automatizzata dalla domotica, sia ancora lontano. I passi che si stanno muovendo sono grandi, dall'ideazione di nuovi spazi urbani alla massiva vendita di Smart Objects, dall'ideazione di nuove app e fonti Open Source per facilitare "il vivere la casa" delle persone agli incentivi di stato. Nel prossimo capitolo vedremo meglio questo discorso.

-La gara all'innovazione: i grandi nomi vs le startup-

Non sono solo i grandi nomi del web a tirare le redini del mercato Smart Home. Certo, in casi come l'Italia, sono stati proprio i dispositivi di Google e Amazon a trainare l'ascesa della diffusione di altri dispositivi Internet of Things, ma si è registrata una proliferazione di **start up** innovative e, soprattutto, con proposte Open Source che stanno innovando il mondo dello Smart Living.

Gli scenari sono principalmente due: **cooperazione** tra i colossi di internet e le piccole aziende, con tutti i benefici che le une traggono dalle altre oppure start up che creano prodotti differenziabili da quelli di Amazon, Apple o Google per fornire **soluzioni alternative**, a basso costo e che incontrano le esigenze di alcune specifiche categorie di persone.

La maggior parte di queste piccole e medie attività riceve finanziamenti da investitori istituzionali per un totale di investimenti che supera i 52 miliardi di dollari (dall'Osservatorio IoT del Politecnico di Milano). Questo perché ai grandi nomi servono idee innovative: il mercato sta crescendo, le persone cercano dei servizi su misura e questo le start up sono in grado di farlo.

CAPITOLO 7

VIII.Il rapporto tra Stati e Smart Home: incentivi, leggi e regolamentazione

Molte persone, come si è detto, sono scettiche quando si tratta di ragionare sulla privacy garantita da una Smart Home: non tutti sono certi dell'affidabilità della domotica in termine di protezione dei propri dati personali e temono cyber attacchi o che qualcuno possa manomettere i sistemi intelligenti della casa. Più avanti, tratteremo ancora questo argomento. Per ora, limitiamoci a vedere **come sono cambiate le leggi in merito alla privacy legata alla Smart Home.**

Partiamo dal presupposto che la gestione dei dati legati alla propria casa possa avvenire in due modalità: affidandone la gestione all'azienda produttrice del sistema installato in casa, oppure farlo indipendentemente, anche se serve molta conoscenza informatica. **Ogni dispositivo della casa dovrebbe essere protetto** da una password, un potente firewall, subire aggiornamenti, esattamente come si fa con il proprio Smartphone. Più avanti troverai delle indicazioni più dettagliate su come proteggerti da attacchi esterni. Per ora, è utile sapere che una casa domotica necessita una certa attenzione e cura sotto l'aspetto della tutela dei propri dati.

Il primo a preoccuparsi per il rapporto tra Smart Home e attacchi hacker è stato il governo britannico che, all'inizio di quest'anno, per primo in Europa, ha proposto in Parlamento **una legge che tuteli la sicurezza dei dati degli inquilini**. Secondo il Regno Unito, sono i produttori di dispositivi i maggiori responsabili della sicurezza dei consumatori. E' per questo che devono seguire tre regole fondamentali:

- i dispositivi devono essere muniti di una password unica, sicura, e non essere resettabile su un'impostazione "di fabbrica" universale decisa dal produttore;

- i produttori devono essere trasparenti e fornire a ricercatori e clienti dei canali di comunicazione mediante cui rendere accessibili gli avvisi su vulnerabilità e aggiornamenti;

- i produttori devono avvisare gli utenti sul tempo minimo che intercorre tra un aggiornamento e l'altro. Questo serve per permettere al cliente di capire fino a quando il dispositivo resterà moderno e sicuro.

La preoccupazioni di Governi e cittadini sulla vulnerabilità dei dispositivi smart non sono recenti: da quando esiste il digitale, **di anno in**

anno nascono sempre nuovi attacchi e sfide per tutelare la sicurezza. Nel 2014 c'è stata la controversia, sempre nel Regno Unito, sulle Smart TV che registravano inconsciamente le abitudini dei cittadini, così come i giocattoli dei bambini nel 2017 e le falle nelle transazioni su Amazon. La nascita di un nuovo dispositivo porta con sé anche nuovi ragionamenti sulla sicurezza dei dati.

Nel 2018 è iniziato il percorso di adeguamento al **nuovo Regolamento europeo UE 2016/679 (GDPR)**, che prevede l'adozione di misure specifiche per tutelare la privacy dei consumatori. I Governi dei vari paesi europei hanno spostato la responsabilità (accountability) della tutela della privacy del compratore di dispositivi IoT al titolare (ovvero l'azienda produttrice). Questo deve assumere *un ruolo proattivo nella scelta e nell'adozione delle misure tecniche e organizzative, e in generale nella definizione delle modalità di adeguamento; al contempo, egli deve essere* *sempre in grado di dimostrare la ratio alla base delle scelte effettuate e la propria compliance al Regolamento europeo* (Andrea Reghelin). I dati generati dagli Smart Objects sono da un lato fonti di ricavo per le aziende che possono così fornire servizi all'avanguardia per i consumatori, dall'altro obbligano l'azienda a prestare attenzione al trattamento degli stessi dati, tutelando i diritti dei consumatori.

-Il ruolo delle assicurazioni nella tutela della Smart Home-

Nel campo della domotica e dell'Internet of Things, le **assicurazioni** si sono ritrovate a doversi evolvere e a creare delle nuove polizze non solo per coprire i danni fisici di un'abitazione, ma anche quelli che riguardano la privacy, la prevenzione degli attacchi e i guasti interni.

Oggi, in una casa non si eseguono azioni di base come mangiare, dormire, trascorrere del tempo. **L'abitazione si è trasformata** anche in un ambiente di lavoro, grazie alla diffusione dello smart working, in una scuola per i figli attraverso la DAD, ma anche in un luogo dove proteggersi, trascorrere del tempo libero e custodire degli oggetti preziosi. Per questo, le assicurazioni hanno sentito il bisogno crescente di creare forme di tutela atte a proteggere tutte le funzioni della casa.

Non si concentrano solo sulla **creazione di polizze** sulla casa come luogo fisico, contro incendi, furti, calamità naturali, ma anche per la tutela privacy e la gestione corretta dei dati. Le compagnie assicurative stanno oggi stipulando sempre più partnership con fornitori di software e hardware per la cybersecurity legata agli Smart Objects per combattere contro le minacce informatiche.

Come le case intelligenti, anche **le compagnie assicurative devono essere smart** e garantire un'assistenza continua, grazie a notifiche e connessione diretta con l'appartamento. Le app si configurano in questo senso come veri e propri assistenti, sempre disponibili.

Non solo: oggi le assicurazioni hanno cominciato a proporre loro stesse dei dispositivi smart di prevenzione dei danni, come i sensori che rilevano il fumo, perdite di gas o altri danni potenzialmente pericolosi per gli inquilini. Le compagnie assicurative, in questo senso, non solo coprono eventuali danni subiti dai clienti per via di cyber attacchi o manomissioni dei sistemi di domotica per effettuare furti, ma addirittura **prevengono** qualsiasi disastro che possa accadere in casa. O ancora, le compagnie possono affiancare quelle persone come anziani e disabili con dispositivi **ambient assisted living** offrendo pacchetti innovativi che assistano le persone fragili grazie a nuove tecnologie.

In futuro non possiamo che attendere uno sviluppo massivo di queste offerte da parte delle compagnie assicurative. Mireranno soprattutto sull'assistenza sanitaria con tecnologie che favoriscano la telemedicina, sulla tutela dagli attacchi informatici e dei dati personali, sulla protezione da intrusioni e danni come incendi, esplosioni, terremoti ecc.

L'evoluzione della Smart Home deve essere colta come un'enorme occasione di crescita da parte delle assicurazioni, vista la rapida diffusione dei dispositivi e il tempo sempre maggiore trascorso nelle case. Grazie alla raccolta dei dati sulle abitudini del cliente nell'abitazione, le compagnie possono personalizzare sempre di più le polizze. Questo non sarebbe possibile senza l'impiego di Smart Objects. Ciò migliorerebbe l'esperienza del cliente, ma porterebbe anche dei vantaggi enormi per la costruzione di offerte mirate. Inoltre, ci si aspetta degli incentivi per l'acquisto di polizze sulle Smart Home: già oggi, negli Stati Uniti, esistono pacchetti molto meno costosi su case domotizzate. Il percorso per raggiungere dei risultati soddisfacenti è ancora lungo, poiché, nonostante la diffusione degli Smart Objects e gli impianti di domotica, ancora non vi è una consapevolezza tale sui vantaggi di queste abitazioni per cui sia necessario che le compagnie di assicurazione siano più evolute. I due ambiti proseguiranno di pari passo e ci aspettiamo molti incentivi nei prossimi anni.

Un primo passo, al di fuori dalle assicurazioni, si è compiuto proprio quest'anno nel nostro paese: è stato, infatti, introdotto un incentivo statale destinato a chi sceglie una casa intelligente, abbattendo i consumi e l'impatto sull'ambiente. Vediamo nel prossimo paragrafo di cosa si tratta e in che modo ci posizioniamo rispetto agli altri stati.

-I governi e l'aumento della produzione e del consumo di impianti di domotica-

Nella Legge di Bilancio del 2020 rientra anche il **Bonus Domotica**,ovvero un incentivo fiscale del 65% sull'acquisto di Smart Objects e impianti di domotica. Unico requisito di queste spese è che esse siano finalizzate al risparmio energetico e alla riduzione di emissioni dannose per l'ambiente.

Negli **Stati Uniti**,i consumatori possono trovare assistenza finanziaria per acquisti e miglioramenti della casa dal punto di vista energetico sotto forma di incentivi come crediti d'imposta, sconti e finanziamenti. In Europa, Ciò che aiuterebbe la crescita del mercato delle Smart Home e di tutti i vantaggi che comporta, sarebbe l'adozione di **incentivi sia per le aziende produttrici che per gli utenti finali** .Questo non si traduce solo con detrazioni fiscali, ma anche con regolamentazioni e leggi antitrust.

L'Europa mira **all'impianto di contatori intelligenti nella quasi totalità delle case**: oggi, solo una su quattro è dotata di Smart Meter. La percentuale di installazioni varia da stato a stato ma, come si è già detto, l'Italia è tra i paesi con più contatori intelligenti d'Europa. Questa evoluzione è cominciata già lo scorso decennio con norme che prevedevano standard minimi di prestazioni in termini di consumi e risparmi. La Legge 164/2004, entrata in vigore nel 2015, ha poi fatto scattare l'obbligo della banda larga in tutti gli edifici, in modo che essi fossero predisposti per accogliere i nuovi sistemi di domotica. Gli obiettivi poi negli anni si sono evoluti, ma è rimasto il desiderio di portare le abitazioni ad avere un impatto ambientale vicino allo zero: già nel 2015 si parlava di incentivi governativi tra il 40% e il 65% detraibili dagli acquisti dedicati alla Smart Home.

Nel 2017, la **Legge di Bilancio** ha previsto, in Italia, una detrazione fiscale sugli impianti controllabili da Smartphone. Tra i requisiti per accedervi, vi era la necessità di poter controllare in tempo reale gli effettivi consumi, poiché la Legge mirava proprio a diminuire l'impatto della casa sull'ambiente. Altri incentivi miravano all'acquisto per dispositivi di sicurezza, con detrazioni fino al 50%.

Ciò che davvero potrebbe aiutare le aziende a crescere e a comunicare al meglio l'utilità degli Smart Objects ai consumatori sono degli incentivi sulla produzione e la messa in sicurezza delle case intelligenti:

- più **investimenti** nei prototipi e nella progettazione di oggetti intelligenti che siano davvero in grado di migliorare la vita dei consumatori. Serve più sperimentazione e osservazioni sul campo;

- una maggiore **regolamentazione** che permetta alla domanda del prodotto di crescere, come l'introduzione di uno specifico oggetto all'interno delle case (com'è successo con i pannelli solari alcuni anni fa);

- più incentivi a sostegno del **pull marketing**, ovvero regolamentazioni che coinvolgano nuovi intermediari della filiera della distribuzione. In questo modo, sarà più semplice creare cooperazione tra le aziende, abbattere i costi e creare nuovi prodotti di valore per il pubblico;

- promozione della concorrenza contro un sistema economico chiuso;

- concedere agevolazioni alle aziende che vogliono espandersi globalmente e comunicare con altri stati per abbattere le barriere commerciali (pensa solo ai costi di certificazione di un prodotto che dall'Europa deve essere venduto in Asia);

- abbassare i costi di recruiting per le start-up attraverso agevolazioni fiscali.

I governi stanno comprendendo l'importanza dell'incentivazione sull'uso delle tecnologie Smart e stanno lavorando per portare nuovi benefici fiscali. L'ideale sarebbe quello di investire su dispositivi davvero efficienti per i consumi e il miglioramento della quotidianità.
I governi, inoltre, dovrebbero puntare sulla trasparenza della comunicazione delle iniziative: dovrebbero rivolgersi direttamente agli stakeholders di rilievo e garantire un accesso semplificato alle informazioni. Anche i processi di applicazione ai sostegni governativi dovrebbero essere semplici e immediati. Questi incentivi e il tempo dedicato a creare un miglior

mercato della Smart Home potrebbero tornare indietro sotto forma di profitti, in quanto la diffusione di questi dispositivi è in rapida ascesa. Non c'è momento migliore per ragionare sulle opportunità di investimento.

CAPITOLO 8

A che punto siamo nello studio della domotica? Cosa ci dovremmo aspettare dal futuro?

A che punto siamo nella progettazione della domotica e della Smart Home? A un momento in cui **possedere una casa intelligente non è poi così difficile e costoso**, vista la mole di prodotti presenti sul mercato, accessibili a tutti.
Vi è ancora un po' di incertezza da parte di tutti, aziende, governi e consumatori, poiché ancora manca una vera consapevolezza dei vantaggi di possedere una Smart Home. Le aziende, quindi, devono impegnarsi per comunicare al meglio i propri prodotti, i professionisti del settore dovrebbero specializzarsi nella connessione dei software per completare l'esperienza di installazione e

manutenzione degli impianti, mentre i governi dovrebbero lavorare per incentivare produzione, acquisto e commercio dei prodotti legati alla Smart Home.

Oggi, grazie alla tecnologia Cloud, è possibile controllare da remoto i dispositivi della casa tramite Smartphone e Smart Speaker; questi, inoltre, sono così intelligenti da essere in grado di autocontrollarsi, richiedere aggiornamenti, assistenza ed essere semplici da usare. In futuro, l'obiettivo sarà quello di renderli ancora più **autonomi**.

-Previsioni sul futuro degli oggetti e delle case Smart-

Secondo un report di Zion Market Research nel **2023 le entrate derivate dal settore delle case intelligenti potrebbero raggiungere i 160 miliardi di dollari**, per 4,2 milioni di smart home abitate e una penetrazione sul mercato del 20,7%. L'attenzione si concentra su dispositivi per ridurre al minimo l'impatto sull'ambiente, ma anche per migliorare la vivibilità della casa con nuove soluzioni per l'intrattenimento.

Come si diceva all'inizio, la casa diventerà un **ecosistema** che tenderà all'indipendenza energetica, ma anche a far risparmiare tempo e soldi a chi vi abita, a regalare più tranquillità e sicurezza. I dispositivi connessi nella casa saranno in grado di funzionare indipendentemente, essendo in grado di registrare abitudini e preferenze degli inquilini. Diverranno anche semplici da installare, mantenere e utilizzare, essendo seguiti da una migliore assistenza e con interfacce più intuitive. L'obiettivo per il futuro è superare la diffidenza ancora oggi diffusa riguardo agli Smart Objects per la casa.

Da ciò che emerge dallo scenario odierno della Smart Home nel mondo, siamo a un punto oltre lo stato embrionale, ma ancora prima del **consolidamento definitivo del mercato**. L'obiettivo nei prossimi anni sarà proprio questo: sono in corso nuove regolamentazioni, studi degli effetti della casa intelligente sulla vita delle persone, ma anche integrazioni tra grandi e piccoli player che cercano di guadagnare la propria fetta di mercato. Ogni azienda sta cercando di rendere l'esperienza dell'utente migliore possibile, proponendo device sempre più funzionali e semplici da usare. Ci sono degli **attori che si impegnano a collaborare** per generare non solo prodotti più efficienti, ma anche un mercato più aperto e unito, in cui i dispositivi possono comunicare tra loro nonostante siano prodotti da aziende diverse. Lo vedremo nel prossimo, piccolo, paragrafo.

Grazie a questa stabilizzazione del mercato, possiamo aspettarci una forte innovazione nel mondo della Smart Home, come la maturazione dell'Intelligenza Artificiale. Questo aspetto è ciò che rende i dispositivi della casa intelligente più umani, in grado di ascoltare, elaborare e memorizzare le abitudini e le preferenze del proprietario. Ciò porta a una **personalizzazione** totale dell'esperienza d'uso che dona comfort, sicurezza e risparmio alle persone che vivono nella Smart Home. Pensiamo solo ai vari suggerimenti che il nostro Smartphone è in grado di darci in base alle visite sul web, alla geolocalizzazione e alle abitudini. Le aziende produttrici stanno investendo molte energie per rendere più intelligenti e umani questi dispositivi, in modo che possano suggerire comportamenti più responsabili all'uomo e anche ricordargli le cose che deve fare quando se ne dimentica. Vorrebbero creare intelligenze artificiali in grado di **seguire ragionamenti complessi e leggere le emozioni**, consigliare delle scelte e analizzare i comportamenti delle persone. I dispositivi dovrebbero essere in grado di raccogliere informazioni sull'utente attraverso sensori sui vari oggetti IoT e supportarlo nella quotidianità come un vero aiutante munito di cervello.

Come già accennato, il mondo della Smart Home e dell'Internet of Things dovrà fare i conti con lo scetticismo di molti consumatori. L'attenzione dovrà, quindi, focalizzarsi sul **modo di raccontare** le aziende e i loro prodotti, per sottolineare l'utilità di questi. Gli investimenti dovranno interessare le **strategie di marketing**, ma anche dispositivi sempre più efficienti e accessibili: più persone muteranno in consumatori, più si genererà credibilità da parte della domotica e IoT e più il mercato crescerà. E se il mercato cresce, vi sono più investimenti, nuovi prodotti, nuovi clienti soddisfatti. E' un cerchio che gira. In questo senso, è tutto in mano alle aziende: devono proporre soluzioni affidabili e che migliorino la vita agli utenti, ma anche comunicare il progresso che ci porterà da abitazioni con funzionalità minimali e ad alto impatto ambientale, fino a ecosistemi quasi autonomi, in grado di ascoltare chi li abita.

Le aziende devono dimostrarsi trasparenti, aperte alla comunicazione con il cliente finale. Devono far conoscere sia vantaggi che svantaggi di un oggetto intelligente, illustrare i protocolli di sicurezza, parlare di costi, materiali, provenienza, assicurazioni e **migliorare l'assistenza post-vendita** poiché, ad oggi, sembra la carenza più grande del mercato delle Smart Home.

In generale, siamo a un punto in cui le idee innovative non mancano e si sperimenta più che mai per rendere le case sempre più connesse e intelligenti. Il gioco è in mano alle aziende e alle istituzioni e al loro modo di comunicare. Non è un percorso breve, ma già si stanno muovendo i primi passi, grazie a regolamentazioni via via più chiare e nuovi protocolli di sicurezza sempre più aggiornati.

-I colossi uniti per una casa più connessa-

Era già stato anticipato nel 2019, ma prenderà vita nel 2021: **Project Connected Home over IP** è l'unione tra Amazon, Google, Apple e le aziende della Zigbee Alliance (tra cui IKEA, Somfy, SmartThings e molte altre). E' un progetto la cui finalità principale è quella di generare oggetti intelligenti in grado di comunicare tra loro.

La **Zigbee Alliance** si è impegnata a creare uno standard universale e superare quelle incompatibilità tra oggetti IoT di diverse aziende, come nella generazione di Dotdot, il linguaggio universale per gli Smart Objects presentato a Las Vegas nel 2017.

I consumatori, grazie a questa unione, potranno acquistare più dispositivi da aziende diverse, ma **in grado di interagire tra loro.**Essi sono quelli dedicati all'illuminazione, al controllo dei consumi, serrature, videosorveglianza, tapparelle automatizzate, Smart TV ecc.

Quello dei colossi del web nella creazione di un linguaggio universale per tutti i dispositivi è un tentativo di facilitazione e miglioramente generale dell'esperienza dell'utente finale. Inoltre, la proliferazione di idee è garantita, grazie alla realtà multiplayer che si creerà, a fronte di un abbassamento dei costi di produzione.

-Aumento della connessione in casa, perché è qui che trascorreremo molto più tempo-

Il mondo non è più lo stesso da quando è cominciata la **pandemia**: le persone, anche in Italia, hanno trascorso molto tempo in casa, comprendendo i vantaggi dello smart working, tra cui l'abbassamento dei consumi di benzina e spese per i mezzi pubblici, il risparmio per il pranzo fuori, il tempo risparmiato per effettuare il tragitto e molto altro. Si è arrivati a un punto in cui bisogna ripensare la casa, renderla più vivibile e anche meno costosa, a fronte di una maggiore permanenza tra le mura domestiche.
Già **prima del Coronavirus** si affrontava il discorso della casa come un luogo da vivere a pieno, dove lavorare e passare del tempo. Questo proprio grazie all'avvento degli Smart Object: perché andare al cinema quando la mia smart tv è in grado di connettersi ai miei

abbonamenti e mostrarmi film illimitati? Perché recarsi in ufficio quando ho un computer e una connessione affidabili a casa? Perché spazzare per terra se possiedo un robot che lo fa al posto mio? **La crescita della domanda di oggetti intelligenti** è guidata da vari eventi, non solo dalla pandemia, come il miglioramento delle connessioni Internet, il numero di utenti che ne usufruiscono, la maggiore desiderabilità dei contenuti che esso porta e l'aumento del reddito disponibile delle persone nelle economie in via di sviluppo.

La propria abitazione diventa così un **luogo multifunzionale** che permette di risparmiare tempo, energie e anche soldi. Le persone che ci vivono, però, devono poter controllare i consumi, quanti dispositivi siano collegati, impostare una luminosità e una temperatura salutari per poter vivere tante ore nello stesso luogo. Per via del maggior tempo trascorso in casa, aumenteranno il mercato degli **impianti per il controllo della temperatura e dei**

consumi, ma anche di Smart Objects destinati all'**intrattenimento**.

I consumatori cercheranno case sempre più green, automatizzate e che siano in grado di garantire la sicurezza. Si sta già oggi cercando di raggiungere quegli standard di emissioni decisi nella Comunità Europea che, entro il 2030, dovranno essere drasticamente ridotti. Il punto di partenza sono, già oggi, le case.

Le abitazioni saranno spazi in cui fare qualsiasi cosa senza troppo sforzo. Le tecnologie incideranno sempre di più sulle vite delle persone e sulla **struttura delle case**: si pensa che tutto in un appartamento sarà automatizzato, ma anche multifunzionale e versatile. Per questo, gli spazi saranno ridotti, più pratici da gestire e in grado di contenere una persona sola. Più appartamenti di questo tipo risparmieranno molto spazio per fronteggiare il futuro problema del sovraffollamento delle città.

La **personalizzazione** raggiungerà livelli impensabili oggi. Tutti i dispositivi si adatteranno alle abitudini e alle richieste di chi vive nella casa, abbatteranno i costi e saranno progettati per purificare l'aria, l'acqua ed emettere meno gas possibili. Si pensa, addirittura, che questi dispositivi sostituiranno le finestre poiché, in complessi residenziali, vi saranno anche appartamenti all'interno dell'edificio, sempre per una questione di ottimizzazione dello spazio. A cosa servono delle finestre se un macchinario può simulare aria pulita e un altro la luce del sole?

Insomma, cambierà tutto: **la casa dipenderà da Internet**, la quotidianità del suo proprietario dai dispositivi connessi. Le emissioni, si spera, verranno abbattute quasi completamente: le case saranno ecosistemi indipendenti, ma anche luoghi multifunzionali in grado di fornire molti servizi all'utente, come l'intrattenimento, le visite mediche a distanza, un ufficio per lo smart working, una palestra casalinga e molto altro. Siamo pronti per tutto questo?

CAPITOLO 9

Benefici, pregiudizi e Controversie

Quando si affronta il discorso degli svantaggi portati dalla diffusione delle case intelligenti, si fa spesso riferimento alla **sicurezza e alla tutela della privacy**. Secondo delle analisi del Politecnico di Milano, circa la metà delle persone interessate alla domotica si dichiara preoccupata in merito ai rischi legati alla privacy e ai cyber attacchi da parte di malintenzionati. Per questo, spesso, molti rinunciano anche solo ad approfondire la conoscenza in materia di Smart Home.

Nonostante l'evoluzione degli Smart Objects, i timori legati alla vulnerabilità del loro funzionamento non si abbassano, anzi, la maggior parte degli investimenti nella ricerca di questo ramo dell'ingegneria si concentrano proprio sul miglioramento della sicurezza degli oggetti intelligenti. Le loro componenti informatiche sono molto semplici, per renderli più economici e user friendly e questo dettaglio, unitamente a difetti di aggiornamento, aumenterebbe le vulnerabilità: è più facile che avvengano attacchi ad alcuni **endpoint IoT** ,attraverso **malware** che leggono i dati sensibili del proprietario di casa o ruba le immagini delle telecamere di sorveglianza.

L'uso di dispositivi IoT, inoltre, crea **asimmetria informativa**: i dati personali degli inquilini sono in mano a produttori, sviluppatori di *software*, *clouds providers* e analisti, mentre le persone hanno difficoltà a esercitare un adeguato controllo sugli stessi. Chi legge questi dati? Con chi vengono condivisi? Servono solo per migliorare la user experience o ad altro?

Le proposte legislative sono in continua evoluzione. I tentativi di difendersi da attacchi hacker e regolamentare l'uso dei dati personali sono molti da parte dell'Unione Europea e sono racchiusi nel **Cybersecurity Act** (consultabile liberamente sul sito ufficiale della Commissione Europea). In particolare, è stata istituita un'agenzia, l'ENISA, il cui compito è quello di creare e mantenere *il quadro europeo di certificazione della cybersicurezza preparando la base tecnica per schemi di certificazione specifici e informando il pubblico sugli schemi di certificazione e sui certificati emessi attraverso un sito web dedicato.* Ha inoltre il compito *di aumentare la cooperazione operativa a livello dell'UE, aiutando gli Stati membri dell'UE che lo richiedano a gestire gli incidenti di cybersicurezza e sostenendo il coordinamento dell'UE in caso di crisi e attacchi informatici transfrontalieri su larga scala.*

Come si può leggere anche nella dichiarazione del Cybersecurity Act, l'Unione Europea si è impegnata molto per *stabilire la creazione di sistemi di certificazione dell'UE su misura e basati sul rischio.*Aumentare la sicurezza degli Smart Objects significa anche raggiungere un grado di fiducia molto alto negli acquirenti,

sbloccando anche un mercato in crescita ma con ancora qualche ripensamento riguardo il tema della privacy. Questo processo avviene tramite regolamentazioni mirati a rendere gli Smart Objects conformi a degli standard univoci, i controlli di sicurezza più mirati e rilascio di certificati validi in tutti gli stati dell'UE, in modo da creare anche un mercato libero e competitivo.

-Risolvere le problematiche legate alle vulnerabilità degli Smart Objects: cosa raccomandano gli esperti-

Nonostante la continua evoluzione degli aggiornamenti dei **Digital Proxy** degli oggetti intelligenti e i sistemi sempre più al passo con i tempi per contrastare gli attacchi informatici, non esisterebbe ancora una soluzione univoca per azzerare i rischi. Come vale anche per altri ambiti legati alla tecnologia, anche le Smart Home non sono sicure al 100%. Ci sono, però, degli accorgimenti che il proprietario di casa può adottare per tutelare la propria sicurezza e quella degli altri inquilini:

- evitare di acquistare dispositivi già obsoleti per spendere meno;

- sostituire quegli oggetti che non ricevono più aggiornamenti;

- acquistare solo dispositivi che garantiscano trasparenza e controllo sulla **privacy**, da Smartphone o sull'interfaccia. Ci sono delle aziende che comunicano in continuazione con i propri clienti, per permettergli di conoscere gli aggiornamenti e lo stato della propria casa;

- concentrare l'attenzione sulla protezione del router a cui sono collegati tutti gli altri dispositivi. Il firmware deve essere sempre aggiornato e il router deve essere protetto da una password che muta nel tempo;

- adottare protocolli di sicurezza validi per proteggere la connessione wireless. E' bene affidarsi a un router di una marca nota e con un'ottima assistenza clienti. Bisogna seguire sempre le indicazioni del produttore, come cambiare il nome della rete, in modo da non dare indicazioni su di sé a eventuali intrusi e divenire, così, rintracciabili, e aggiornare spesso le password;

- differenziare la connessione, ovvero dedicare una rete WiFi ai dispositivi intelligenti e un'altra ai computer. In questo modo, un malintenzionato che attacca la rete potrebbe non riuscire a raggiungere i device con più informazioni personali;

- attivare dei firewall;

- curare la sicurezza dei dispositivi mobili con cui si controllano gli Smart Objects attraverso dei software appositi;

- aggiornare sempre i dispositivi;

- quando non si usano, è bene scollegare gli Smart Objects, in modo da renderli inaccessibili per gli intrusi;

- una volta finito di usare uno Smart Objects, prima di buttarlo, è bene ripristinare le impostazioni di fabbrica, in modo che tutti i dati del cliente siano dispersi.

Adottare misure di sicurezza come quelle appena elencate, potrebbero aiutare a proteggere la casa da eventuali attacchi informatici. Questi, la maggior parte delle volte, avvengono per la **poca conoscenza in materia** del proprietario che, ingenuamente, non si preoccupa della vulnerabilità dei dispositivi. Informarsi sui rischi ancor prima di effettuare l'acquisto di un dispositivo Smart è un ottimo modo per capire se valga le pena procedere ed esporsi a possibili intrusioni o se evitare di comprarlo. E' una questione che affligge molti acquirenti di Smart Objects: vale la pena installare delle telecamere di sicurezza se poi rischio che qualche intruso se ne impossessi?

La risposta è sempre sì, perché c'è sempre modo di mitigare i rischi. L'importante è raccogliere informazioni sui protocolli di sicurezza, seguire le indicazioni del venditore e **non adottare comportamenti scorretti o superficiali.**

-La tecnologia si fa sempre più spazio e invade la nostra casa: è un processo positivo?-

Le controversie legate alle Smart Home, però, non si limitano alla sicurezza dei propri dati. A volte non ce ne rendiamo conto, ma la nostra vita è più influenzata dalla tecnologia di quanto pensiamo.

La tecnologia non è un semplice oggetto, ma un agente attivo, che influenza il nostro agire e la nostra autonomia(Peter-Paul Verbeek).

Come vale per altri dispositivi, come Smartphone e computer, anche gli oggetti intelligenti che riempiranno le nostre case potrebbero avere degli effetti negativi su di noi. Tra questi, la dipendenza dalla tecnologia. Potrebbe accadere che il proprietario di casa controlli in modo intensivo lo Smartphone per controllare che nell'abitazione vada tutto bene. Il cervello umano è abitudinario e tende a funzionare per paradigmi: se adotta, a lungo andare, quello della **Internet Dipendenza**, allora l'uso dello Smartphone per gestire la propria casa potrebbe diventare ossessivo. Questa situazione potrebbe creare degli **stati d'ansia** nel momento in cui il proprietario di casa esce per fare un giro o quando la connessione dovesse rallentare per un guasto o un semplice sovraccarico. La connessione perenne alla propria casa e il bisogno di controllo potrebbero influire negativamente sulla quotidianità degli abitanti di una Smart Home che potrebbero dedicare il tempo libero concesso dall'abitazione per conoscere lo stato dell'abitazione stessa.

Un altro rischio legato alle case sempre più connesse è **l'isolamento**.Essere circondati da oggetti che fanno tutto al posto nostro e in grado di sostituire alcune attività all'aperto, potrebbe spingere l'utente a passare molto più tempo in casa. Lo smart working permette di lavorare comodamente anche a letto, i dispositivi per il fitness casalingo si collegano alla Smart TV e consentono di fare attività fisica in salotto e molto altro. La vita in casa sarà così digitalizzata che non sarà necessario muovere un dito per fare nulla. Questo, però, ha due conseguenze: pensiamo, per esempio, allo smart working e alla possibilità di lavorare senza uscire dal proprio appartamento, al fatto che possa spingere le persone ad **assumere comportamenti scorretti e a non separare gli ambiti della vita**. Lavorare da casa vuol dire **non operare in un luogo a norma di sicurezza per il lavoro**: le sedie non sono ergonomiche, anzi, spesso si lavora sul divano o a letto, le luci non sono adatte per stare tutto il giorno davanti al PC, a volte ci si può dimenticare di arieggiare l'ambiente. ecc. Questi sono comportamenti che in ufficio vengono solitamente controllati, mentre in casa no e possono portare ad assumere abitudine scorrette e nocive. Pensiamo poi al fatto che si possa lavorare da casa agli orari che si vuole, perché internet è sempre disponibile, le luci smart si adattano al momento della giornata e gli elettrodomestici si attivano quando lo chiediamo noi. Ciò fa perdere la cognizione del tempo e influisce sulle abitudini: si mangia spesso fuori pasto, si dorme meno, non si fanno pause quando servono. Inoltre, una Smart Home, con la possibilità di intrattenere, far lavorare da casa ed essere più connessi, spinge a **confondere i vari ambiti della vita**. Prima, si lavorava in ufficio, si aspettava l'uscita di un film al cinema, si ascoltava musica nei teatri e si faceva attività fisica all'aperto. Il rischio è quello di non essere più in grado di separare il momento delle faccende domestiche da quello del lavoro, quello del tempo libero e delle uscite fuori casa.

Infine, siamo sicuri che la Smart Home non sia troppo **invadente**? Se è proprio lei a dirci come vivere, quando svegliarci, quando andare a fare la spesa, aprire le finestre ecc, quanta libertà di scelta avremo noi?

Quelle che hai appena letto sono più che altro provocazioni, non realtà di fatto supportate da ricerche scientifiche. Si tratta di **rischi legati a qualsiasi tecnologia**, per portarti a riflettere su come anche la Smart Home possa influire negativamente sulla vita delle persone.

Quando ci si approccia a una nuova tecnologia, bisogna lasciare da parte l'ingenuità causata dall'entusiasmo: è necessario leggere bene le istruzioni, informarsi sui rischi che comporta e utilizzarla solo per rendere la vita più comoda, non gestita da un macchinario.

La Smart Home aiuterà sempre di più il proprietario di casa ogni giorno, come un fedele consigliere. Ciò non significa che l'uomo perderà le capacità di controllare la propria vita, come alcuni credono. L'essere umano sarà sempre libero di scegliere fin dove spingersi con l'uso delle tecnologie e la sua casa intelligente ubbidirà a tutte le sue richieste.

E quando sarà stanco di tutta questa connessione, uscirà di casa.

CONCLUSIONE

Abbiamo davvero bisogno di vivere in modo più smart?

A cosa servono dei vasi in grado di purificare l'aria, robot che registrano le abitudini dell'uomo per decidere quando cominciare a pulire casa, attivare il riscaldamento o riempire una vasca da bagno se poi solo **il 5%** (F. Naspi, G. Filippetti, *Smart homes: come l'IoT ci aiuterà nella vita di tutti i giorni*) **delle persone dichiara di essere in grado di utilizzare uno Smart Object?** L'approccio degli utenti è ancora diffidente, sia per le preoccupazioni legate alla privacy che per la poca conoscenza dei dispositivi. I problemi, però, non nascono solo dai consumatori, ma anche dalle aziende, dal loro modo di comunicare e da come sono viste anche dagli stati.

Le persone vivono ancora nella convinzione che una casa Smart sia futuristica, inaccessibile, di quelle cubiche e asettiche che si vedono nei film di fantascienza. Tra stile minimalista ed elegante e una scenografia per il cinema hollywoodiano ci sono delle belle differenze, ma non tutti se ne rendono conto. Le Smart Home, come gli Smart Objects, sono ancora considerati per nerd, persone che non hanno voglia di alzarsi dal letto per alzare le tapparelle.

Perché non adorare un sistema che le alzi autonomamente e svegli il proprietario di casa con la luce del sole? Ci sono persone che disprezzano le faccende domestiche e che lamentano la mancanza di tempo ma che, d'altra parte, non ne vogliono proprio sapere di approfondire la conoscenza con gli Smart Objects. Restano dell'idea che una casa che faccia le cose al posto loro li renda più pigri e incapaci, temono che, in caso di blackout, non si possa più utilizzare nessuno di quegli oggetti.

Altri si lamentano della dipendenza che potrebbe crearsi dalle app per gestire la casa, ovvero temono che possano generarsi stati d'ansia che spingono in continuazione le persone a controllare cosa stia succedendo nella loro abitazione.

Si tratta perlopiù di **pregiudizi** come valgono per ogni nuove tecnologia quando entra nel mercato. Vi è una fase iniziale di scetticismo, rifiuto che, con il tempo, viene soppiantata da un sentimento di curiosità fino a comprendere l'essenzialità del prodotto tecnologico. Le persone, dopo una conoscenza più approfondita di un nuovo dispositivo, si rendono conto che il problema non stia nell'oggetto in sé, ma che risieda nell'**uso scorretto**di esso.

E' vero, senza dispositivi Smart non moriamo. Così come non è vitale lo Smartphone, il PC, la lavatrice, l'automobile...se ci pensi, si può sopravvivere anche usando la bicicletta o i mezzi pubblici. I nostri nonni hanno vissuto tutta la vita senza cellulare e molti non ce l'hanno ancora. I tempi, però, sono cambiati. **La tecnologia è stata in grado di facilitare infinitamente la nostra quotidianità** e la Smart Home non è da meno.

A differenza di quanto alcuni complottisti pensino, la Smart Home non è nata né per controllare chi la vive, né per rendere gli esseri umani dipendenti dalla tecnologia. Potrebbe essere la trama di un film distopico, ma non corrisponde alla realtà. La verità è che **i concetti di domotica e Internet of Things sono stati concepiti con l'intento di migliorare la vita delle persone.** L'obiettivo è quello di far risparmiare tempo ed energie ai lavoratori in Smart Working di domani, in modo che possano dedicarsi ad altre attività più produttive rispetto alle faccende di casa, di abbattere quasi totalmente l'impatto sull'ambiente e di fornire agli esseri umani dei prodotti che li supportino nella propria quotidianità.

Questo vuol dire che le macchine completano le attività degli esseri umani. Per dirla in linguaggio colloquiale: *la Smart Home arriva dove l'uomo non riesce*. Ogni tecnologia della storia ha avuto questo scopo: non è possibile percorrere 50km a piedi o a cavallo in poco tempo, ma l'automobile lo consente; come si può scrivere un articolo di giornale ogni giorno senza perdersi neanche un aggiornamento? Con una macchina da scrivere; come si può contattare in tempo reale chi vogliamo nonostante ci troviamo a distanza? Attraverso l'uso di un cellulare.

Come queste tecnologie, la Smart Home facilita la vita all'essere umano. Pulisce al posto suo, lo sveglia al mattino qualche minuto prima perché c'è traffico, prepara il caffè all'ora che il proprietario desidera, riscalda l'ambiente prima del suo ritorno, gli ricorda quando deve prendere le medicine e molto altro.

Di certo serve molta attenzione sulle **normative** in grado di regolamentare questi oggetti, ma siamo sulla buona strada. Siamo consapevoli che la Smart Home presenti ancora delle vulnerabilità, ma anche che degli esperti stanno già lavorando per garantire sicurezza e comfort a chiunque.

Grazie alla Smart Home, possiamo definirci **un passo più vicino al futuro**: possiamo già immaginare una casa che conosce le nostre abitudini, sa cosa vogliamo e si preoccupa per noi. E' un'abitazione connessa con cui comunichiamo e che sa ascoltarci. Sa che non possiamo spendere troppi soldi in bollette e quindi regola da sola le temperature, l'erogazione della corrente e dell'acqua. Quando fa tutto questo, inoltre, ci avvisa. Ovunque siamo, ci rende partecipi di ciò che accade alla nostra casa, ci protegge da intrusi, si aggiorna da sola per renderci più sicuri e pensa anche alla salute dell'ambiente.

Non è una visione idilliaca? Lo sai che manca poco per raggiungere questo benessere?

Spero che, grazie a questo volume, tu abbia vinto *la sindrome da zio Hulot,* che si spaventa davanti al progresso, e che abbia le idee più chiare su cosa sia una casa intelligente. Ho cercato di affrontare tutti gli argomenti necessari per fornire un quadro completo dell'attuale stato della Smart Home in Italia e in Europa.

Spero davvero che tu stia considerando l'idea di rendere la più casa più Smart: donerai valore al tuo immobile, ma anche alla tua vita. Insomma, cosa c'è di meglio del risparmiare tempo, vivere in un ambiente più sicuro e in un mondo più pulito?

Bibliografia e Sitografia

- Sistemi di domotica applicata per una casa intelligente: Nuove tendenze nel settore della home automation, Luca Ricci, Dario Flaccovio Editore, 2015

- La casa intelligente per l'utente debole, Antonio Frattari, Michela Dalprà, Michela Chiogna, Maggioli Editore, 2015

- La domotica per l'efficienza energetica delle abitazioni, Giuseppe G. Quaranta, Maggioli Editore, 2013

- Internet of things. Persone, organizzazioni e società 4.0, Stefano Za, Luiss University Press, 2018

- Smart Cities, Michele Vianello, Maggioli Editore, 2013

Dati e ricerche di mercato, leggi in merito alla privacy, paragrafo sulle assicurazioni: Osservatorio Internet of things, sito ufficiale, contenuti free. https://www.osservatori.net

- Informazioni sulle case intelligenti per disabili: https://www.ncbi.nlm.nih.gov/

- Informazioni sulla sicurezza IoT: https://coresistemi.it/news-eventi/

- Informazioni sui prezzi della domotica: https://www.domoticaperlacasa.it/e http://blog.dogiaro.com/

- Esempio del quartiere smart Santa Giulia a Milano, sito ufficiale del progetto: http://www.milanosantagiulia.com/

- Informazioni sulla legge britannica sulla sicurezza delle Smart Homes:

https://www.which.co.uk/news/2020/01/new-law-proposed-to-help-protect-millions-from-unsecure-smart-devices/

- Informazioni sugli incentivi in Europa, *Smart Living, Connected devices for intelligent homes*, Business

- Innovation Observatory, European commission: https://ec.europa.eu/docsroom/documents/13407/attachments/5/translations/en/renditions/native

- Il futuro della smart home: https://magazine.eon-energia.com/wp-content/uploads/2019/04/E.ON_Whitepaper.pdf

- Unione dei colossi per un'unica Smart Home connessa: https://www.hdblog.it/domotica/articoli/n

514507/smart-home-amazon-apple-google-standard-comune/

- Controversie della Smart Home:https://www.iusinitinere.it/iot-smart-devices-e-smart-houses-vantaggi-criticita-e-assenza-normative-

www.ingramcontent.com/pod-product-compliance
Lightning Source LLC
Chambersburg PA
CBHW060836220526
45466CB00003B/1121